多特征多媒体

的识别与分析

大数据

朱 杰／著

U0253994

电子科技大学出版社

University of Electronic Science and Technology of China Press

·成都·

图书在版编目（CIP）数据

多特征多媒体大数据的识别与分析 / 朱杰著.

成都：成都电子科大出版社，2025.1. -- ISBN 978-7

-5770-1398-5

Ⅰ. TP274

中国国家版本馆 CIP 数据核字第 2024378UA5 号

多特征多媒体大数据的识别与分析

DUOTEZHENG DUOMEITI DASHUJU DE SHIBIE YU FENXI

朱　杰　著

策划编辑	杨仪玮
责任编辑	刘　愚
责任校对	杨仪玮
责任印制	段晓静

出版发行	电子科技大学出版社
	成都市一环路东一段 159 号电子信息产业大厦九楼　邮编 610051
主　　页	www.uestcp.com.cn
服务电话	028-83203399
邮购电话	028-83201495

印　　刷	成都久之印刷有限公司
成品尺寸	170 mm×240 mm
印　　张	16　彩插 4 页
字　　数	300 千字
版　　次	2025 年 1 月第 1 版
印　　次	2025 年 1 月第 1 次印刷
书　　号	ISBN 978-7-5770-1398-5
定　　价	96.00 元

前　言

　　中国工程院院士、北京大学信息科学技术学院教授高文曾经说过："不管你同意还是不同意，多媒体大数据时代已经到来。"在这个多媒体大数据时代，数据的传输、存储、处理、应用都面临着前所未有的挑战。多媒体大数据的识别与分析可以为人类生产与生活中的决策问题带来有参考价值的信息，实现从数据到知识的跨越。由于多媒体大数据的识别与分析技术所带来的无限价值，该技术已经被广泛应用于电子商务、网络舆情、自动驾驶等领域。

　　图像与文本特征的学习主要依赖于词袋模型。经典的词袋模型以图像中的图像块或者文本中的字为单元来表示。此类模型的缺点是没有考虑不同模态数据的多特征性，且忽略了数据的空间性与数据之间的关系，因此不能准确地描述数据特征。虽然后续研究者对数据的特征融合算法进行了一系列改进，但其在解决跨模态数据分析的问题上仍然存在语义鸿沟的问题。深度学习算法的产生为多媒体数据分析尤其是跨模态数据分析注入了新的灵魂。跨模态分析需要将不同模态的数据映射到相同的语义空间中，可以通过机器学习的方法构造出新的语义空间，但语义空间的构造仍然存在意义鸿沟的问题。本书在多特征的提取与表示和跨模态信息检索方面做了相关研究，试图为该领域的研究提出新方法。

　　本书结合多媒体数据中图像和文本的特点，提出了多个分类与检索模型。对象识别是计算机视觉领域的一个基本问题，生成有判别力的图像表示是解决这个问题的一种重要方法。词袋模型是一种常用的图像表示方式，它把局部的特征抽象成为视觉词，通过统计视觉词在图像中出现的频率来进行图像表示。本书针对词袋模型中存在的问题，在不失一般性的前提下，利用颜色作为发现对象区域的手段，融合形状和颜色特征生成了更有判别力的图像表示。

　　为了进一步分析多媒体数据之间的关系，本书对文本和图像的关系进行了研究。文本是最直接的语义表达方式,以像素为单位的图像内容却难以被计算机理解。构造合理的语义空间,将文本与图像特征映射到其中,将是该领域的一个突破点。本书通过系统分析目前跨模态检索模型存在的问题,将卷积特征融入图像与文本的核心内容判断中,提出了深度有判别力卷积哈希方法和基于对象特征的深度哈希方法。实验采用MIRFLICKR–25K、NUS–WIDE和Wiki数据集进行验证。

本专著的出版受到以下项目经费支持:

2020年度中央司法警官学院校级科研项目"多媒体大数据的跨模态分析及其在社交媒体舆情分析中的应用(XYY202002)";

中央高校基本科研业务费专项资金资助。

感谢我的博士生导师于剑教授,是他最初帮我选定了这个研究方向,并在研究工作中对我做了悉心指导;感谢河北大学吴树芳博士;感谢我的学生魏春雨、田港一、李楠、饶兴楠、白弘煜、舒杨、张仲羽、王开焜、李浩翾、刘佳楠、郭琳等,他们帮我搜集了部分材料并协助我完成了大量的实验。

由于本人水平所限,所做研究尚有不足之处,欢迎相关研究者批评指正。

朱 杰

2020 年 11 月

目 录 *Contents*

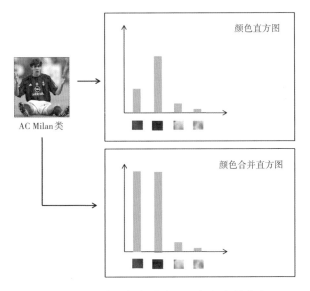

图 3.3　AC Milan 类的颜色直方图和颜色合并直方图

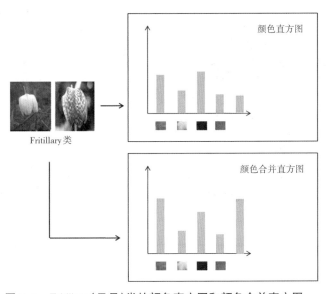

图 3.4　Fritillary（贝母）类的颜色直方图和颜色合并直方图

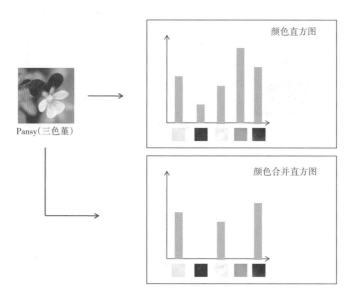

Pansy(三色堇)

颜色直方图

颜色合并直方图

图 3.5　颜色直方图与有判别力的颜色直方图的区别

PSV
（埃因霍温）

AC Milan
（AC 米兰）

Chelsea
（切尔西）

Barcclona
（巴塞罗那）

Juventus
（尤文图斯）

Juventus
（向日葵）

Daffodil
（黄水仙）

Pansy
（三色堇）

Pansy
（贝母）

Tigerlily
（虎百合）

图 4.1　Soccer 和 Flower 17 图像集

图 4.4　Soccer(足球)图像集中的Juventus(尤文图斯)类别图像
Flower 17(花朵17)图像集中的Pansy(三色堇)图像

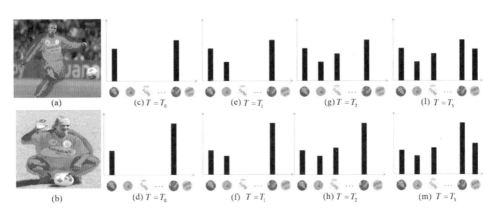

图 4.5　目标函数中最大化第二项的作用

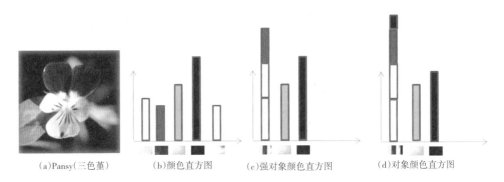

(a)Pansy(三色堇)　　(b)颜色直方图　　(c)强对象颜色直方图　　(d)对象颜色直方图

图 4.6　颜色直方图、强颜色直方图和对象颜色直方图的区别

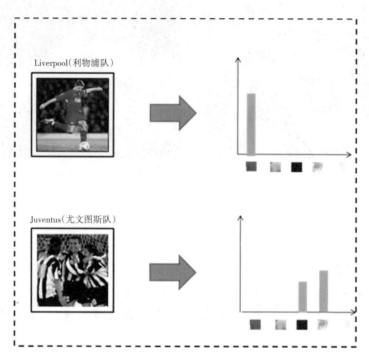

图 6.2　有判别力的颜色直方图

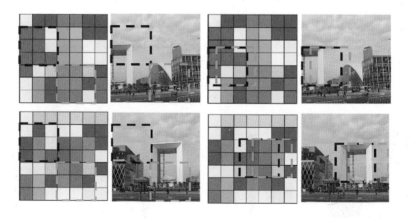

图 11.1　空间金字塔池化与本文的 MFMM 方法采样结果的对比

第一章 绪 论

多媒体是指多种媒体形式的综合,一般包括文本、图像和视频等媒体形式。多媒体技术则是利用计算机把图像、文字以及视频等媒体形式的信息进行数字化处理并存储于计算机当中,从而方便用于与计算机之间进行信息的交流。

1.1　多媒体大数据出现的背景

多媒体技术的兴起来源于信息科技的发展。多媒体技术的产生起源于军事领域,后期由于此类技术优秀的信息处理与传递能力,逐渐被人们所熟识,并广泛应用于各行各业的信息交流。信息时代的到来为多媒体技术的发展提供了更大的发展空间。多媒体技术迎合了人们能够快速、有效地读取信息的需求,使计算机不再局限于办公室和实验室,而在更广阔的领域得到了广泛应用,如广告、工业生产、娱乐和教育等。

大数据是指无法在一定时间范围内用常规软件工具进行捕捉、管理和处理的数据集合,是需要新处理模式才能具有更强的决策力、洞察发现力和流程优化能力的海量、高增长率和多样化的信息资产。互联网和信息化的普及推动了大数据的产生。具体来说,多媒体大数据产生的背景如下。

(1)信息科技的进步

随着互联网的出现和网络技术的广泛应用,从互联网中获取信息、娱乐和办公成为越来越多的人的生活日常。智能手机的出现,使得所有手机用户成了互联网的一分子,为数据的流通提供了有力的硬件支持。进一步推动了网络的普及。电子商务的出现,使得人们可以进行跨越空间的安全消费,将互联网的重要性提升到一个新的高度。网站的访问、商品的买卖以及网络广告的投放等都产生了大量的数据,如:网站的文字数据、广告和电影的视频数据以及以收听为主的音频数据,多媒体大数据的概念由此产生。

（2）计算机存储和运算能力的提升

计算机的优势之一在于其强大的计算能力，但是传统的计算方法如单机计算和联机计算只能处理数据量较小的多媒体数据。这导致企业和政府部门即使有能力存储自身数据，也无法进行分析。云计算的产生使得多媒体数据的存储和分析重新焕发的生机。云计算是互联网行业的一项创新技术，它将各种软硬件资源进行共享，数据的操作由专业人士来完成，对用户来说却可以忽略底层的细节。在云技术的基础上，国内各大互联网商、政府部门以及企业纷纷建立了自己的多媒体大数据中心。云计算为对海量媒体大数据的处理提供了技术基础。

（3）多媒体数据的价值性

随着人工智能技术的普及，多媒体数据内潜在的价值逐渐为人们所知，数据的作用不仅仅停留在查找、删除等简单操作。以人工智能技术为手段，对多媒体数据的规律性进行挖掘，发现内在规律，或者预测未来，从而把握市场脉搏，充分挖掘数据的价值，成了多媒体大数据诞生的直接原因。例如：市场可以通过数据分析发现潜在客户以及潜在的商机。信息安全厂商可以通过分析病毒等的潜在规律，从而有效地发现未知病毒。网络舆情分析可以为政府部门提供准确的舆情报告，有利于发现不良舆论的出现。

1.2 多媒体大数据的特点

（1）数据量大

数据量越大，储存的知识越丰富且反应的知识越准确。中小型企业每天的数据量可能在几个G，而大型企业每天的数据量可能达到上百G。对于大型的互联网公司而言，每天增加的数据量则更加庞大。

（2）数据类型多

当前的多媒体数据主要包括图像、文本、音频和视频等。此外，图像与视频也还有黑白、彩色、高分辨率、低分辨率之分；音频也有高分辨率与低分辨率之分。

（3）数据类型间差距大

由于需求的不同，不同类型数据的存储量差别较大。对于公司而言，主要存储的是人事、财务等一些数字数据或者文本数据。对于互联网公司而言，存储的主要包含客户数据、财务数据和发布的文字或者视频文件。对于视频网站而言，视频和音频占据了存储量的大部分内容。对于电子商务网站而言，商品的介绍图文信息以及交易中产生的流水信息等占据了数据的大部分。不同类型的数据由于内容和格式不同,导致其存储方式也千差万别。

(4)多媒体数据的输入和输出复杂

多通道异步方式和多通道同步方式是目前多媒体数据的主要输入输出方式。其中,多通道异步方式在通道和时间都不相同的情况下,对各种形式的数据进行存储,并在不同的设备上展现出来。多通道同步方式在相同时间内对多种形式的数据进行输入和存储,然后在不同设备上展现出来。

(5)数据分析方式不统一

多媒体数据的存储方式多样且蕴含内容的表现形式不同,因此,在进行数据分析时所采用的方法不同。例如:文本表示时普遍采用词袋模型的方法,其中将字或词作为单元进行处理,视频的基本单元为帧,图像的基本单元为像素、图像块等。在深度学习框架中,也都针对图像和文本的特点,分别设计了不同的网络结构。

第二章

词袋模型的对象识别基础知识

对象识别是计算机视觉领域中的一个热点话题,其主要研究的问题是判断图像中有没有某种物体。通常情况下会给定一些已经定义好的对象类,然后通过这些知识来判断某幅图像属于哪一类。可视化分类是一项困难的工作,主要是由于属于同一类别的图像有比较大的类内变化。除此之外,一些其他因素也影响了分类效果,如角度、光照、遮挡等。

目前,科研工作者们已经提出了很多的算法。BOW(bag of words)的方法是一种非常经典且有效的对象识别和场景分类方法[1-4],这种方法把图像表示为局部特征的直方图形式。BOW利用局部特征构造字典,然后通过统计图像中出现特征的数量来表示图像。把直方图输入分类器,最终用训练好的分类器对未知图像进行对象分类。

本章中,我们详细介绍了BOW的流程。BOW框架主要包括了两个部分,即图像表示和机器学习。在图像表示部分主要分为特征检测、特征提取、视觉字典和直方图的构建这三个阶段。下面,我们对BOW的每个阶段分别进行介绍。

2.1　特征检测

BOW的第一个阶段是检测图像中的兴趣点或者区域。目前存在很多种区域选择策略,这些策略可以粗略地分为两类,即稠密采样和兴趣点采样。

均匀分割法是一种最常用的稠密采样方式。这种方式在多个不同尺度下把图像分成大小相同的块(图2.1.(b))。另外一种稠密采样的方式为滑动窗口的方式(图2.1.(c)),这种方法是每隔一定数量的像素便提取一个图像块,通过设置每次滑动的像素数量和滑动窗口的大小在不同尺度下进行采样。这种方式下,图像块之间可能会有重合。

第二种采样方式主要用于找到兴趣点所在的区域。这种特征检测通常分为角点和斑点。角点是图像亮度发生剧烈变化或者图像边缘曲线上曲率极大值的点。角点可以是边缘的交点也可以是邻域内两个主方向的特征点。除此之外,角点的邻域内也能够提供丰富的图像信息,这些区域具有旋转、光照、仿射等不变性。斑点是指与周围区域有着颜色和灰度差别的区域,与角点相比,斑点的稳定性和抗噪声能力更强。图2.2.(b)和图2.2.(c)分别为blob(斑点)和color-boosted blob(色彩增强斑点)兴趣点检测方法。此外,还有随机采样方法[5],这种采样方法随机地在图像上选择一些图像块。稠密采样保留了图像的所有像素信息,但同时也增加了很多的冗余信息,提高了计算复杂度。有些时候,人们关心的只是局部的一些特征,这些特征可以被兴趣点检测法检测到。在处理对象识别问题的时候,稠密采样由于增加了大量的背景信息,可能对分类结果造成负面影响,兴趣点检测法能够比稠密采样更准确地发现对象上的兴趣点,更适用于对象识别。在处理场景分类问题的时候,由于不只是关心图像上的某种特殊物体,而是把图像作为一个整体来考虑,稠密采样通常能够采集到更加全面的图像信息。

(a)　　　　　　　　(c)　　　　　　　　(c)

图 2.1　稠密采样策略

(a)　　　　　　　　(c)　　　　　　　　(c)

图 2.2　兴趣点采样策略

2.2　特征提取

BOW框架的下一个阶段就是如何描述提取的图像区域的特征。图像的局部特征是多种多样的,比如颜色、形状、纹理等,它们都经常用于描述局部特征。在以下两部分内容中,我们主要介绍两种最常见的特征,即形状特征和颜色特征。

2.2.1 形状特征提取

尺度不变特征变换(scale-invariant feature transform,SIFT)[6] 既是一种局部特征检测子,也提供了对局部特征的形状描述。Lowe D G 在 1999 年首次提出了 SIFT,并且在 2004 年加以完善。如今大部分的基于 BOW 框架的方法大都采用 SIFT 作为主要特征来进行图像表示。

SIFT 描述子的计算主要包含四部分:检测尺度空间的极值、定位极值点、确定每个极值点的方向参数和生成极值点描述子。Lowe D G 利用金字塔和高斯核滤波差分来快速求解高斯拉普拉斯空间中的极值点。关键点检测成功之后,利用关键点及其周围像素点构成的梯度朝向直方图来描述关键点,形成 SIFT 描述子。图 2.3 为 SIFT 描述子的示意图,SIFT 描述子在 2×2 的 4 个区域内分别统计每个区域的梯度朝向(8 种朝向)。图 2.3 只显示了 4 个区域,而在实际应用中,SIFT 描述子都是在 4×4 的 16 个区域内进行梯度朝向的统计,最终生成了 $4 \times 4 \times 8 = 128$ 维的向量,此向量用于描述兴趣点的形状特征。SIFT 描述子得到的局部特征对于旋转、亮度变化和尺度缩放保持不变性,对视角变化、噪声和仿射变换也保持一定的稳定性。

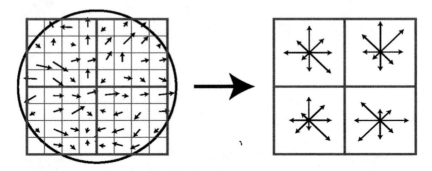

图 2.3　SIFT 描述子(图片来自 Lowe D G 的论文[6])

随着 SIFT 在图像处理当中的广泛应用,出现了一批针对 SIFT 的改进方法,其中比较常用的是 Ke Y 等人[13] 提出的 PCA-SIFT。PCA-SIFT 利用主成分分析(principal component analysis,PCA)对 SIFT 描述子降维,在保持一些特征不变性的同时降低了向量维度,提高了特征匹配的速度。

2.2.2 颜色特征提取

颜色描述子用于描述图像的颜色特征。由于光照的原因,对于同一种颜色所提取的特征有很大区别。下面我们介绍三种优秀的颜色描述子,即 HUE、Color names 和 Color SIFT。为了能够有效地计算出局部颜色直方图,颜色需要对光度变换和由于光源所产生的变化鲁棒。所以,颜色描述子需要对几何变换鲁棒,同时,要能够保持光度的稳定性。

2.2.2.1　HUE 描述子

HUE 描述子[8]是基于 HSV 颜色空间的 hue 通道所构建的一种颜色描述子,著名的双色反射模型[14]经常被用来处理几何变换和光度稳定性的问题。

$$f = \mathrm{m}^b C^b + \mathrm{m}^s C^s \tag{2-1}$$

其中,$f = (R, G, B)$,$C^b = \left(C_R^b, C_G^b, C_B^b \right)$。光的反射包括了两部分即体反射和镜面反射分别用 C^b 和 C^s 表示。这两项分别乘以几何项 m^b 和 m^s。这些几何项是由角度、光照和对象的方向来决定的。

对立色可以通过 RGB 计算得到

$$\begin{pmatrix} O1 \\ O2 \\ O3 \end{pmatrix} = \begin{pmatrix} 1/\sqrt{2} & -1/\sqrt{2} & 0 \\ 1/\sqrt{6} & 1/\sqrt{6} & -2/\sqrt{6} \\ 1/\sqrt{3} & 1/\sqrt{3} & 1/\sqrt{3} \end{pmatrix} \begin{pmatrix} R \\ G \\ B \end{pmatrix} \tag{2-2}$$

可以发现,对立色 $O1$ 和 $O2$ 对于在白光照下的反射都有不变性的特征。例如把公式(2-1)带入 $O1$ 可以获得如下结果

$$O1 = m^b C_R^B + m^s - \left(m^b C_G^b + m^s \right) = m^b \left(C_R^b - C_G^b \right) \tag{2-3}$$

公式中我们用到了一个事实,即白光的 $C^s = \{1, 1, 1\}$。从式(2-3)中可以发现 $O1$ 与反射无关,因为最后的结果当中不存在 m^s。

hue 的计算公式为

$$\mathrm{hue} = \arctan\left(\frac{O1}{O2} \right) \tag{2-4}$$

其中,$O1$ 和 $O2$ 是从 RGB 颜色空间中得到的两个对立的颜色通道。用式(2-1)代替 $O1$ 和 $O2$,并且代入式(2-4),得

$$\mathrm{hue} = \arctan\left(\frac{\sqrt{3} \left(C_R^b - C_G^b \right)}{\left(C_R^b + C_G^b - 2C_B^b \right)} \right) \tag{2-5}$$

从计算公式可以发现,hue 只与 C^b 相关,对于 m^b 和 m^s 都有不变性的特点。所以 hue 对于阴影、亮度变化和反射都有不变性。

但是hue也存在自身的问题,比如在灰度轴附近不稳定。为了解决这个问题,错误传播分析的方法被引入[16]。从错误传播分析中可以发现hue的确定性与饱和度成反比,为了解决hue在灰度轴附近不稳定的问题,可以通过饱和度对hue样本进行加权。

2.2.2.2　Color names描述子

Color names(CN)[17]用包含语义的颜色词给图像的像素指定颜色。CN把英文当中的11种颜色作为最基本的颜色词给图像标注,它们分别是黑、蓝、棕、灰、绿、橙、粉、紫、红、白和黄,如图2.4所示。CN有一定的光度不变性,能够在一定程度上解决阴影对颜色的影响。同时CN还能够提供对于非彩色颜色的描述如黑、灰和白等,而这些颜色从光度不变性角度是很难于区分的。对于一个给定的区域R,用CN所描述的区域颜色为一个向量,这个向量为这个区域的颜色属于不同颜色词的概率。

$$CN = \left\{p\left(cn_1 \mid R\right), p\left(cn_2 \mid R\right), \cdots, p\left(cn_{11} \mid R\right)\right\} \tag{2-6}$$

其中,

$$p\left(cn_i \mid R\right) = \frac{1}{p}\sum_{x \in R} p\left(cn_i \mid f(x)\right) \tag{2-7}$$

cn_i代表第i个颜色词,x代表区域R内的P个像素之一,$f = \{L^*, a^*, b^*\}$代表给定一个像素值后,其颜色为某个颜色词的概率。这个概率是由一系列从Google中得到的图片所计算出来的,计算过程中Van De Weijer J等人[17]用PLSA方法解决了检索到的图像中出现的噪声问题。

图 2.4　用颜色词在像素级给图像标注(图片来源为 Van De Weijer J 的论文[17])

CN在一定程度上能够处理光度不变性的问题,同时CN还能够对非彩色的颜色进行编码,所以是一种非常有判别力的颜色描述子。

2.2.2.3　Color SIFT 描述子

HUE 和 CN 都是单纯用来描述颜色的特征描述子,而 Color SIFT 描述子能够同时描述颜色和形状特征。Van De Sande 等人[18]比较了许多把颜色描述子和 SIFT 描述子相结合后的结果,在众多的 Color SIFT 描述子中,opponent SIFT 对于对象识别的效果是最好的。

opponent SIFT 是基于公式(2-2)中提到的对立颜色空间所构造的一种颜色描述子。$O3$ 通道用于描述强度信息,$O1$ 和 $O2$ 通道用于描述颜色信息。opponent SIFT 中,SIFT 特征分别在这三个通道当中进行提取,最后把提取到的特征连接成一个长向量。在进一步的研究中发现 C-SIFT 在 PASCAL VOC 2007 图像集中能够取得最好的效果。需要说明的是 opponent SIFT 和 C-SIFT 都对于光照强度变化拥有不变性。

2.3　视觉字典和直方图的构建

特征提取之后,需要构造视觉字典用于生成图像的最终 BOW 直方图表示。传统的方式是用 K-means 算法[19]对训练集中采样的特征进行聚类,最后得到的聚类中心即为视觉词。对于任何一个局部特征,计算自身与所有视觉词的距离,并且把自身分配给与自己最相似的视觉词。最后统计在一幅图像中出现的视觉词的频率把它作为最后的图像表示。在构造好的图像表示基础上用 SVM 进行分类用于对象识别。

BOW 模型在字典的构造和最终图像表示方面的问题主要归结为如下三点:第一,模型忽略了不同特征之间的空间和位置关系;第二,视觉字典的生成通常采用 K-means 聚类方法,这就导致聚类中心往往出现的密度大的区域,生成的字典当中不能体现密度较小区域的特征;第三,采用了硬划分的方法对特征进行量化,对特征的描述不准确。

为了给模型提供空间信息,Krapac J 等人[20]通利用高斯混合模型来编码空间层次,用以为图像表示提供空间信息。在 Bosch 等人的论文"Scene classification using a hybrid generative/discriminative approach"和 Li 等人的论文"hierarchical model for learning natural scene categories"中,把 BOW 与主题模型相结合用于提高分类精度。Li T 等人[22]和 Feng J 等人[24]的研究中用特征向量之间的上下文关系给 BOW 增加空间位置关系。在众多的研究当中,空间金字塔(spatial pyramid matching，SPM）[25]方法得到了普遍的认可。SPM将图像由粗到细划分成不同的层次，在不同的层次下把图像划分成不同的细胞单元(cell)，然后分别对每个细胞单元的图像区域进行直方图表示，最后把不同细胞单元的直方图表示加权连接起来作为最终的图像表示。

为了提高字典的判别力，Jurie F等人[26]提出了一种新的聚类算法用于生成字典，使得生成的视觉词所对应的描述子在描述子集特征空间中有更加均匀的分布。Ji R等人[27]提出了一种基于任务的字典压缩框架，用于提高字典的判别力。Wu L等人[28]构建了保留语义关系的字典。Taralova E等人[29]提出的SSC（source constrained clustering）聚类方法对K-means进行了扩展，使得生成字典的过程中相同的样本能够聚集在一起。

为了改进BOW硬划分的问题，大部分研究是基于稀疏编码进行的。其中，Shabou A等人[33]把局部空间上下文与稀疏编码相结合用于特征量化。ScSPM[34]通过稀疏编码在多尺度下对向量进行量化，并且提出了线性空间金字塔核。Yan S等人[36]和Zhu J等人[37]分别采用多池化(pooling)区域和层次池化的方法来提高分类精度。Wang Q等人[38]提出了一种基于软分配的池化方法用于图像分类。Huang Y等人[39]提出了一种显著性编码，这种编码利用描述子的最近编码和其他编码的比例作为最终的描述子。Boiman O等人[40]通过计算在局部图像描述子空间内的朴素贝叶斯距离来代替特征量化。

多特征融合的图像表示方式能够在对象识别和场景分类领域取得良好的效果。多特征融合比基于单特征的图像表示方法更能够体现图像的本质。近些年来，如何把多特征有效地融合起来是一个热点话题。Nilsback等人在论文"A visual vocabulary for flower classification"中，将形状、颜色和纹理特征融合起来进行图像表示，同时给这些特征赋予了经验的权重。Zhao Y等人[42]提出了一种新的融合不同特征相似性矩阵的字典构建方法。除此之外，还有很多论文用于研究如何用多特征进行图像分类。颜色作为一种重要的特征被广泛应用于图像分类，Khan等人对于如何在BOW框架下结合颜色与形状信息做了大量的贡献，在的论文"Color attributes for object detection"中，HOG和CN描述子被连接起来用于图像表示。在Khan等人的论文"Top-down color attention for object recognition"中，用颜色来指引注意力，通过自顶向下的方式来构建有类依赖的颜色注意力图，并且在后来的工作中加入了自底向上的注意力。在Khan等人的论文"Portmanteau ovcabularies for multi-cueimage representation"中，作者结合颜色和形状形成了更有表示力的字典。除此之外,Fernando B等人[52]把颜色视觉词和形状视觉词通过逻辑回归的方式进行融合用于图像分类。

2.4　本章小结

本章介绍了基于BOW的对象识别基础知识。其中,第2.1节主要介绍了当前特征检测的主流算法,这些方法为下一步的特征提取打下了坚实的基础;第2.2节介绍了图像局部特征的提取方法,这构成了图像特征表示的基础,本节介绍的四种描述子在后面解决图像分类问题的时候起到了至关重要的作用;第2.3节介绍了BOW字典的构建和图像表示的主要方法,其中,重点介绍了多特征融合尤其是形状和颜色特征的融合方法,为提升BOW对象识别的准确率提供了新的思路。

第三章 基于颜色合并的特征融合加权图像表示方法

在 BOW 框架下,多特征融合的方法能够在对象识别和场景分类领域得到不错的分类结果。自顶向下的颜色注意图方法(color attention, CA)[49]通过构造有类依赖的颜色注意力图来指引人们的注意。在这种方法中,从有类依赖的颜色区域提取了更多的特征,因为这些区域更有可能是对象存在的区域。但是,在 CA 方法中每种颜色都被分开来考虑,颜色的多样性和类内颜色的变化使得对象上不同颜色的判别力不同。

对象可以被认为是一系列有判别力颜色的图像块的集合。为了提高 CA 的分类能力,本章提出了用颜色合并的图像表示方法进行图像分类,首先用类别和颜色的互信息找到可能的对象颜色,用对象颜色出现的概率作为权重给局部特征加权进行图像表示。实验结果表示,与一些优秀的算法相比,我们的算法在 Soccer(足球)、Flower 17(花朵 17)和 Flower 102(花朵 102)图像库中能够获得良好的分类结果。

本章主要内容安排如下:3.1 节简要介绍了目前常用的特征融合方法;3.2 节主要介绍了早融合和晚融合算法;3.3 节从特征加权的角度分析了 CA 方法,以及它的不足;为了克服 CA 方法的不足,3.4 节提出了基于颜色合并的图像表示方法;3.5 节通过实验在标准图像集上验证提出方法的分类性能;3.6 节对本章的内容进行了总结。

3.1　背景知识介绍

作为一种把图像分到给定图像列表中的分类技术,图像分类已经成为计算机视觉领域的一个热点问题。大部分的算法是基于 SIFT 特征描述子的,这种描述子能够有效地用于描述图像局部形状信息。近些年,越来越多的特征被应用于图像表示,如:颜色、纹理等。

基于BOW的图像表示方式是图像分类领域一种非常重要的方法,图像被表示为基于字典的直方图形式。早融合和晚融合是两种最常见的基于BOW的特征融合方式,早融合把局部描述子进行融合,生成字典,而晚融合是把生成的不同特征的直方图加权连接起来。但是这两种方式都没有考虑到颜色和形状之间的内在联系。

在Nilsback M E等人的论文"A visual vocabulary for flower classification"中,形状、颜色和纹理特征都被赋予了独立的权重,但是这些权重都是经验值。在Khan F S等人的论文"Color attributes for object detection"中,HOG和CN描述子被连接起来用于图像表示,但是文中没有考虑到不同特征的重要性。有一些工作把重点放在了如何给不同特征分配合理的权重,多核学习把不同核函数计算得到的相似性结果进行线性合并来提高分类准确率,这种方式被应用到给不同的特征加权上。Fernando B等人[52]把颜色视觉词和形状视觉词通过逻辑回归的方式进行融合用于图像分类。Ma A J和Yuen P C[54]提出了一种新的框架用于衡量特征之间的依赖性。Yang J等人[55]提出了一种秩最小化的方式来融合不同特征的预测信任度。

多特征融合的方式通常会使得字典的维度非常大,DITC聚类方法[56]被用于压缩字典的维度,这种方式能够减少降维过程中产生的类和视觉词之间的互信息损失。Elfiky N M等人[57]把不同的特征融合于空间金字塔模型中,并且同样采用DITC方法用于字典降维。Zhao Y等人[42]提出了一种新的融合不同特征相似性矩阵的字典构建方法。在Chiang等人的论文"Learning component-level sparse representation using histogram information for image classification"中,不同种类的直方图如:BOW、HOG和颜色直方图被连接起来,然后在一个统一的框架下学习稀疏字典和成分级的重要性,用于生成有判别力的图像表示。

在不同层次融合特征同样能得到良好的图像表示,Law M等人[46]把底层特征和中间层特征融合起来进行图像表示。Liu Z等人[47]提出了一种新颖的人脸识别方法,这个方法融合了颜色、局部空间和全局的频率信息。

自底向上和自顶向下是两种不同的用于指引注意力的方式。颜色可以用于指引注意力,Jost T等人[60]用视觉注意力来估计颜色的重要性。Khan F S等人[49]用颜色来指引注意力,通过在自顶向下的方式来构建有类依赖的颜色注意力图,并且在后来的工作中加入了自底向上的注意力。

3.2 早融合和晚融合方法

融合形状特征和颜色特征能够在对象识别的图像库中取得良好的效果。在这部分内容中,我们首先介绍两种为人们所熟知的融合方法,即早融合和晚融合方法。

在开始介绍早融合和晚融合方法之前,首先来介绍一下相关数学符号。此处,我们把研究重点放在了融合形状和颜色特征上。在BOW框架下,在图像 I^i 中提取局部特征 $f_{ij}, i = 1, 2, \cdots, N, j = 1 \cdots M^i$ 其中 N 代表图像的数量, M_i 代表从图像 I^i 中提取的局部特征的数量。视觉词用 $w_n^k, n = 1, 2, \cdots, V^k, K \in \{s, c\}$ 表示, s 和 c 分别表示形状和颜色。 $V^k, K \in \{s, c\}$ 代表视觉词的数量。对局部特征 f_{ij} 进行量化有两种方式:在晚融合的情况下用一对视觉词来描述 (w_{ij}^s, w_{ij}^c) ,而对于早融合采用形状–颜色视觉词 f_{ij}^{sc} 来描述。 $w_{ij}^k \in W^k$ 代表第 i 幅图像上的第 j 个特征在 k 特征上的量化。

早融合把局部的形状特征 f_{ij}^s 和颜色特征 f_{ij}^c 加权连接起来,形成一种新的形状–颜色特征描述子 f_{ij}^{sc}

$$f_{ij}^{sc} = \left(\beta f_{ij}^s, (1 - \beta) f_{ij}^c \right) \tag{3-1}$$

式中, β 用于平衡不同描述子的权重。通过对形状–颜色特征描述子的聚类,产生形状–颜色视觉词 w_{ij}^{sc} ,用这些视觉词来构建图像的直方图表示 $h(w^{sc} | I^i)$ 。

晚融合通过把不同特征所表示的直方图加权连接起来形成最终的图像表示。首先把局部形状特征和颜色特征量化为形状视觉词和颜色视觉词。通过统计出现的视觉词数量来构造图像的形状直方图 $F(w^s | I)$ 和颜色直方图 $F(w^c | I)$,把直方图加权连接生成最后的图像表示为

$$F(w^{sc} | I) = \left[\beta F(w^s | I), (1 - \beta) F(w^c | I) \right] \tag{3-2}$$

式中, β 用于平衡不同特征直方图的权重。

这两种不同的融合方式有各自的优点。早融合能够生成一种更有判别力的字典,因为在字典的生成中同时考虑了图像局部形状和颜色特征。这种方式对于识别有一致形状和颜色特征的对象有着比较好的效果。而晚融合能够生成更加紧凑的图像表示方式。

在PASCAL VOC 2007图像集中的实验表明,大部分人造物体,如火车和汽车等,用晚融合的效果要好于早融合,只有船是例外,虽然船是人造物体,但是早融合的效果更好。自然物体,如猫、狗和马等,用早融合方法的分类效果更好,只有鸟是例外,鸟虽然是一种自然物体但是仍然用晚融合效果更好。隐藏在自然物体和人造物体背后的是颜色和形状的依赖关系。如图3.1所示,人造物体的颜色

和形状是互相独立的,用给不同特征的直方图赋予不同权重的晚融合能更好地进行图像表示。图3.1中第一、第二行分别是人造物体的汽车和摩托车,第三、第四行是自然物体的狗和猫。其中人造物体的颜色和形状特征是相对独立的,而自然物体的颜色和形状是有依赖性的。

图 3.1　自然物体和人造物体比对

然物体的颜色和形状是相互依赖的,同种类物体之间的区别不大,用早融合方法对局部特征进行融合能够得到更好的表示效果。

3.3　基于自顶向下的颜色注意力对象识别方法

颜色是一种重要的可以用于指引注意力的特征,KhanF S等人[49]提出的CA图像表示方法根据每类当中每种颜色视觉词出现的概率,给每个图像构造有类依赖的颜色注意力图,并用颜色注意力图给图像块上的形状特征加权形成有类依赖的形状颜色直方图,最后把这些直方图连接起来作为图像表示,具体方法如下。

在标准的单特征BOW框架下,图像被表示为视觉词的概率分布。

$$n\left(w^K \mid I^i\right) = \sum_{j=1}^{M^i} \delta\left(w_{ij}^K, w^K\right)$$

$$with$$

$$\delta(x, y) = \begin{cases} 0 & for \quad x \neq y \\ 1 & for \quad x = y \end{cases} \tag{3-3}$$

在CA图像表示方法中,颜色被用于调整形状特征的权重,公式为

$$n\left(w^s \mid I^i, class\right) = \sum_{j=1}^{M^i} p\left(class \mid w_{ij}^s\right) \delta\left(w_{ij}^s, w^s\right) \qquad (3-4)$$

式中,$p\left(class \mid w_{ij}^c\right)$可以用贝叶斯的方法进行计算

$$p\left(class \mid w^c\right) \propto p\left(w^c \mid class\right) p\left(class\right) \qquad (3-5)$$

SIFT描述子用来描述局部形状特征,CN和HUE描述子用于描述局部颜色特征。有类依赖的颜色注意力图可以通过针对每一个图像块计算$p\left(class \mid w_{ij}^c\right)$得到。图3.2中展示了BOW与CA的区别。

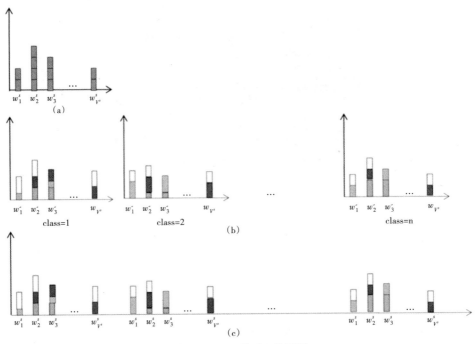

图 3.2　BOW和CA的区别

在BOW框架下,如果一个图像块属于某一个形状视觉词,图像表示中对应的视觉词出现次数增加1,换句话说,每一个图像块的形状特征权重是1。不同的是在公式(3-4)中,CA利用图像块的颜色构建了有类依赖的颜色注意力图,把注意力值用作形状特征的权重。如图3.2所示,矩形块的颜色代表图像块的颜色,矩形块的长度代表权重。在第一类中,黄色和紫色的出现频率高,所以拥有这两种颜色的图像块被赋予了高权值,而绿色由于不经常出现,所以绿色区域的形状

特征被赋予了较小的权值。与第一类相似,紫色和绿色经常出现在第二类中,所以这些区域的图像块被赋予了高权值。最终把有类依赖的颜色形状直方图连接来做作为图像表示,直方图的维度是形状字典的长度乘以类的个数。

这种图像表示方法可以很容易扩展到多特征。在有 n 种注意力特征的情况下,用如下方式计算注意力值

$$n\left(w^s \mid I^i, class\right) = \sum_{j=1}^{M^i} p\left(class \mid w_{ij}^{c^1}\right) \times \cdots \times p\left(class \mid w_{ij}^{c^n}\right) \delta\left(w_{ij}^s, w^s\right) \qquad (3\text{-}6)$$

从公式(3-6)中可以发现,图像表示的维度与注意力特征的种类无关,不同的颜色描述子有着不同的特点,加入更多的颜色注意力特征有利于提高构造的注意力图的准确性。用生成的图像特征结合 SVM (support vector machines,支持向量机)分类器,在一些图像库中取得了良好的分类效果。

图 3.2(a)所示为彩色图像的 BOW(形状)直方图表示,其中颜色因素不考虑。图 3.2(b)所示为有类依赖的颜色形状直方图。图 3.2(c)所示为 CA 的图像表示方式,最终图像被表示为所有类依赖的颜色形状直方图的连接。在每一个有类依赖的颜色形状直方图中,颜色注意力值被作为图像块形状特征的权重,矩形的长度代表权值的大小。$w_1^s, w_2^s, \cdots, w_v^s$ 代表形状视觉词。

3.4　颜色合并加权的对象识别方法

CA 方法根据图像块的颜色来给局部形状特征加权。对象上的特征应该赋予较大的权值,背景上的特征对于分类作用比较小,所以被赋予了较小的权值。

CA 方法主要有两个缺点:第一,对象上的颜色通常是多于一种的,CA 利用颜色来找到对象区域,但是 CA 只是单独地分开考虑每种颜色的判别力,没有整体考虑对象的颜色;第二,类内对象颜色的变化降低了对象的可识别性。例如,Fritillary 有不同种颜色,最常见的是白色的 Fritillary 和紫色的 Fritillary,不同颜色 Fritillary 在训练集中出现的概率决定了白色和紫色的重要性。但是实际上,这两种颜色应该对于 Fritillary 有相同的代表性。

一个对象可以被认为是颜色的集合,自顶向下的颜色合并注意力(color combination attention, CCA)方法尝试把对象上的颜色组成一种新的颜色,叫对象颜色,并且尝试用对象颜色来给形状特征加权用于提高分类精度。

3.4.1　颜色合并直方图

为了体现对象颜色和背景颜色的区别,我们提出了一个叫作颜色合并直方

图（color combination histogram, CCH）的概念。给定一个类 C，其中 $C = 1, 2, \cdots, k$。色视觉字典为 $w_n^c, n = 1, 2, \cdots, V^c$，令 q_i 代表 w_i^c 在 C 类图像中出现的概率，则 C 类的颜色合并直方图可以表示为 $\mathrm{CCH}_C = \left\{ q'_1, q'_2, \cdots, q'_{V^c} \right\}$，其中

$$
q'_i = \begin{cases} q_i & , \quad w_i \notin S \\ \sum_{w_j \in S} q_j & , \quad w_i \in S \end{cases} \tag{3-7}
$$

式中，$S \in W^c$ 并且所有 S 中的颜色视觉词都属于 C 类的对象颜色视觉词。

在颜色合并直方图中，对象颜色出现的概率为不同种类对象颜色出现概率的和。颜色合并直方图的意义在于可以给对象上所有的区域赋予相同的权值。在图 3.3 中，球员身上的队服有红色和黑色，所以球员可以被认为是红色和黑色区域的合集。由于红色和黑色出现的概率不同，由公式（3-4）可以发现，黑色区域被赋予了更大的权值。但是红色黑色都是对象上的颜色。在颜色合并直方图中，红色和黑色的出现概率都等于两者在颜色直方图中出现的概率之和。所以两者就有了相同的出现概率，这样利用公式（3-4）能够得到相同的权值。

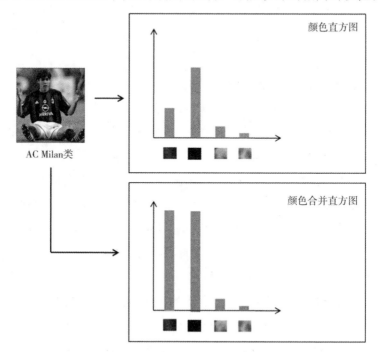

图 3.3   AC Milan 类的颜色直方图和颜色合并直方图

类内颜色变化会降低对象识别的准确率。例如在图 3.4 中，紫色和白色都可

以用来描述Fritillary(贝母)的颜色,但是在Fritillary的颜色直方图中可以发现,两种颜色出现的概率并不一样,这使得利用公式(3–4)在对象上给紫色和白色区域赋予的权值不同。在颜色合并直方图中,白色和紫色都是花朵上的颜色,合并后,使得两种颜色对于Fritillary有相同的判别力。

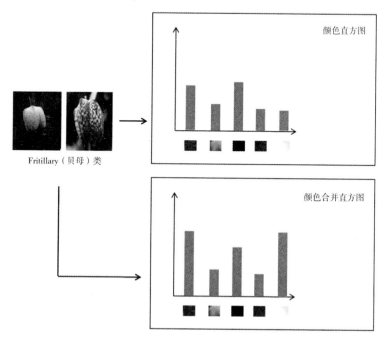

图 3.4　Fritillary(贝母)类的颜色直方图和颜色合并直方图

3.4.2　有判别力的颜色选择

颜色合并直方图能够用于给对象上不同颜色的对象区域赋予相同的权值,这里,我们将着重介绍如何判断哪些颜色是对象上的颜色。在现实世界当中,对象的颜色是多种多样的,但那些最有代表性的颜色是最有判别力的颜色。图像的颜色直方图用于表示图像中各种颜色出现的概率,但是有判别力的颜色直方图只保留了最有判别力的颜色,颜色直方图和有判别力的颜色直方图的区别如图3.5所示,Pansy(三色堇)有判别力的颜色为黄色、白色和紫色,所以有判别力的颜色直方图中只保留了这三种颜色。

首先,需要找到一种衡量颜色判别力的方式,互信息用于衡量两个变量之间的依赖关系,在本算法中利用类和颜色的互信息来寻找有判别力的颜色。假设形状和颜色视觉词已经存在且用w_n^K来表示,其中,$n = 1, 2, \cdots, V^K, K \in \{s, c\}$。类别

和颜色词的互信息用于衡量两者的依赖程度,计算方法为

$$MI\left(w_n^c, class\right) = \frac{p\left(w_n^c, class\right)}{p\left(w_n c\right) \times p\left(class\right)} = \log \frac{p\left(w_n^c \mid class\right)}{p\left(w_n^c\right)} \tag{3-8}$$

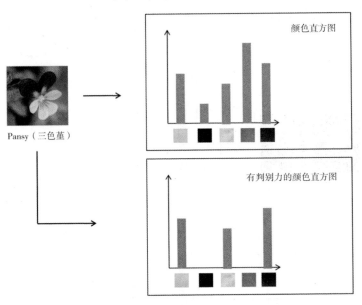

图 3.5　颜色直方图与有判别力的颜色直方图的区别

按照互信息值从大到小的顺序排序,互信息值越高,代表着这种颜色越有可能是某类的对象颜色。对于每一类 i 来说,互信息值最高的前 $m_i, i = 1, 2, \cdots, k$ 种颜色被认为是有判别力的颜色,其中 k 代表类别的数量。

为了获得有判别力颜色的数量 m_i,可以构造目标函数为

$$\min_{m_i, i = 1, \dots, k} \sum_{i=1}^{k-1} \sum_{j>i}^{k} Sim\left(DH_{i,m_i}, DH_{j,m_j}\right) - \sum_{i=1}^{k} Sim\left(H_i, DH_{i,m_i}\right) \tag{3-9}$$

$$s.t. \ 1 \leqslant m_i \leqslant V^c$$

式中,H_i 为第 i 类的颜色直方图,DH_{i,m_i} 为第 i 类的有判别力的颜色直方图,m_i 是第 i 类中有判别力颜色的数量,V^c 是颜色字典的维度。有判别力的颜色直方图是一个 V^c 维的向量,m_i 是这个向量的 0 范数。$Sim\left(\cdot, \cdot\right)$ 用于衡量两个直方图的相似性,这里采用直方图应为直方图的交方法来衡量,表示方法如公式(3-10)。令 a 和 b 为任意两幅图像的直方图表示,直方图的交核函数可表示为

$$Sim\left(a, b\right) = \sum_i \min\left(a(i), b(i)\right) \tag{3-10}$$

最小化目标函数可以使每类当中有判别力的颜色突显出来,同时能够使得到的有判别力的颜色直方图尽量保持原图像特征。$\sum_{i=1}^{k-1}\sum_{j>i}^{k} Sim\left(DH_{i,m_i}, DH_{j,m_j}\right)$ 是任意两个不同类别的有判别力颜色直方图的相似性的和。$\sum_{i=1}^{k} Sim\left(H_i, DH_{i,m_i}\right)$ 是每类中颜色直方图和有判别力颜色直方图的相似度的和。最小化第一项 $\sum_{i=1}^{k-1}\sum_{j>i}^{k} Sim\left(DH_{i,m_i}, DH_{j,m_j}\right)$ 是为了最小化不同类别的有判别力颜色直方图的类间相似度。最小化第二项 $-\sum_{i=1}^{k} Sim\left(H_i, DH_{i,m_i}\right)$ 能够保持相同类中颜色直方图和有判别力颜色直方图的相似性,使有判别力颜色直方图最大程度上能够代表本类图像颜色特征。

给定颜色字典的维度 V^c,这个问题可以被认为是一个求解离散变量的优化问题,可以用坐标下降法[64]通过迭代更新来得到每类中有判别力颜色的数量,如公式(3–11)所示,$m_q^{(t)}$ 和 $m_q^{(t+1)}$ 分别对应着旧的和更新过后的第 q 类的有判别力的颜色数量。每次 $m_q^{(t)}$ 更新的时候,保持其他类别的 m 值在第 t 次迭代保持不变。很明显,随着 m 的不断更新,目标函数的值越来越小。除此之外,由于 m 只能枚举有限种可能,迭代过程能够保证对于任意类 q 都能收敛到 $m_q^{(t+1)} = m_q^{(t)}$。

$$m_1^{(t+1)} = \arg\min_{p=1}^{V^c} \sum_{i=2}^{k-1}\sum_{j>i}^{k} Sim\left(DH_{i,m_i^{(t)}}, DH_{j,m_j^{(t)}}\right) + \sum_{j>1}^{k} Sim\left(DH_{1,p}, DH_{j,m_j^{(t)}}\right) -$$
$$\sum_{l=2}^{k} Sim\left(H_l, DH_{l,m_l^{(t)}}\right) - Sim\left(H_1, DH_{1,p}\right)$$
$$\cdots$$
$$m_q^{(t+1)} = \arg\min_{p=1}^{V^c} \sum_{i\neq q}^{k-1}\sum_{j>i,j\neq q}^{k} Sim\left(DH_{i,m_i^{(t)}}, DH_{j,m_j^{(t)}}\right) + \sum_{j>q}^{k} Sim\left(DH_{q,p}, DH_{j,m_j^{(t)}}\right) +$$
$$\sum_{i<q}^{k-1} Sim\left(DH_{i,m_i^{(t)}}, DH_{q,p}\right) - \sum_{l\neq q}^{k} Sim\left(H_l, DH_{l,m_l^{(t)}}\right) - Sim\left(H_q, DH_{q,p}\right) \quad (3\text{–}11)$$
$$\cdots$$
$$m_k^{(t+1)} = \arg\min_{p=1}^{V^c} \sum_{i=1}^{k-1}\sum_{j>i}^{k-1} Sim\left(DH_{i,m_i^{(t)}}, DH_{j,m_j^{(t)}}\right) + \sum_{i=1}^{k-1} Sim\left(DH_{k,p}, DH_{i,m_i^{(t)}}\right) -$$
$$\sum_{l=1}^{k-1} Sim\left(H_l, DH_{l,m_l^{(t)}}\right) - Sim\left(H_k, DH_{k,p}\right)$$

求解有类依赖的有判别力的颜色数量是一个简单的过程,但是计算过程比较复杂,每次更新 m_q 都需要重新计算任意一对有判别力颜色直方图的相似度。

我们可以用对角线元素为0的上三角形矩阵来降低计算复杂度。

为了避免重复计算,我们定义了相似性矩阵 $D \in R^{k*k}$,矩阵中任意大于0的值表示两个不同类别的有判别力颜色直方图的相似度。$D \in R^{k*k}$ 的定义为

$$D = d\left(H_{mi}, H_{mj}\right)_{j>i} = \begin{Bmatrix} 0 & d\left(H_{m1}, H_{m2}\right) & d\left(H_{m1}, H_{m3}\right) & K & d\left(H_{m1}, H_{mk}\right) \\ 0 & 0 & d\left(H_{m2}, H_{m3}\right) & K & d\left(H_{m2}, H_{mk}\right) \\ K & K & K & O & M \\ 0 & 0 & 0 & 0 & d\left(H_{m(k-1)}, H_{mk}\right) \\ 0 & 0 & 0 & 0 & 0 \end{Bmatrix} \quad (3-12)$$

从式(3-12)中可以很直观地发现,矩阵中所有元素的和为目标函数(3-9)中的第一项,矩阵中第 i 行和第 i 列中用于存储第 i 类和其他类的有判别力的颜色直方图的相似度。每次更新 m_i,只需要更新矩阵中第 i 行和第 i 列的元素,其他则保持不变。计算复杂度从 $O\left(k^3/V^c\right)$ 变成了 $O\left(k^2/V^c\right)$,随着类别的不断增加,算法效率的变化就会更加明显。

最优的有类依赖的有判别力的颜色选择算法归纳如下:

(1)生成了颜色和形状视觉字典,形状和颜色视觉词用 $w_n^k, n = 1, 2, \cdots, V^K, K \in \{s, c\}$ 表示;

(2)为每一个类别的图像构建颜色直方图 H_i;

(3)用公式(3-8)计算颜色词和类之间的互信息;

(4)在同一类中,将所有颜色词与类的互信息值由大到小进行排序;

(5)用坐标下降法[64]求解公式(3-9),求得每个类别的有判别力的颜色。

3.4.3 基于颜色合并的图像表示

利用CA方法的框架和生成的颜色合并直方图能够生成比CA更加合理的特征加权方式。在公式(3-4)中,后验概率 $p\left(class \mid W^c\right) \propto p\left(W^c \mid class\right) p(class)$,$p\left(W^c \mid class\right)$ 为在给定类别的情况下,颜色直方图中各种颜色出现的概率,在得到颜色合并直方图之后,计算方式更改为每种颜色在颜色合并直方图中出现的概率。

字典生成的过程主要包括了特征提取和聚类两部分,假设 U 是训练集图中像素的数目,Z 是训练集中所有图像块中像素的总数量,则提取形状特征和颜色特征的复杂度为 $O(U)$ 和 $O(Z)$,K-means聚类方法的复杂的为 $O\left(p_T V^K\right)$,其中,p_T 是训练集中的图像块数,V^K 是字典的维度,t 是迭代次数。所以字典生成的复杂度为 $O\left(\max\left(U, Z, p_T V^{K_t}\right)\right)$。编码的复杂度为 $O\left(pV^K\right)$,其中,P 是一幅图像中的图像

块的数量,构造注意力图的复杂度为$B^y \in \{-1, +1\}^{m \times n}$。由于$K$通常很小,所以CA构造一幅图像的复杂度为$O\left(\max\left(u, z, pV^K\right)\right)$。而CCA相比CA多了一个有判别力颜色的优化问题,复杂度为$O\left(V^{c^2}k^3t\right)$。

由于CA方法是一种自顶向下的图像表示方法,CCA同样采用了自顶向下的模式。在我们提出的CCA方法中,首先假设图像属于每一个类别,然后在假设图像为任一类别的前提下,用颜色合并直方图给局部形状特征加权,生成有类依赖的形状颜色直方图。最终生成的图像表示维度为V^sk,其中V^s为形状字典的维度,k为类别个数。最后用SVM作为分类器预测图像所属类别。

3.5　实验

合理的特征融合方式能够提高分类准确率,我们实验的目的是说明CCA方法能够改进CA特征加权方面不合理的地方。实验在三个图像库中进行,Soccer(足球)图像库、Flower 17(花朵17)图像库和PASCAL VOC 2007图像库。每个实验重复10次用于获取分类的准确率和方差。

3.5.1　分类框架

在标准BOW框架下,我们用SIFT描述形状特征,用Color Name(CN)和HUE描述颜色特征。对训练集合中的所有特征描述子用K-means聚类,生成形状和颜色字典。采用标准的非线性SVM作类分类器进行分类。

3.5.2　实验参数设置

为了与CA方法进行比较,我们采用了与Khan F S等人的论文"Top-down color attention for object recognition"中相同的字典维度。在Soccer图像库中,形状字典的维度为400,两个颜色字典的维度都是300。在Flower 17图像库中,形状字典的维度是1200,颜色字典的维度与Soccer相同。在PASCAL VOC 2007图像库中,形状字典的维度是1000,颜色均为300。需要说明的是,与CA相似,CCA方法也是一种无参的图像表示方法。在Soccer图像库中我们选用交核函数,而在Flower 17和PASCAL VOC 2007图像库中我们选择了χ^2核函数。

3.5.3　图像分类结果

Soccer图像库包含了7个球队的280幅图像,其中175幅用于训练,105幅用于测试。颜色是主要特征,最有判别力的颜色为球员身上队服的颜色。在这个图像库上的分类结果如表3.1所示。需要注意的是,当CCA方法同时采用HUE

和CN作为颜色描述子的时候能够得到最好的分类效果,这是因为两种不同的颜色描述子共同使用增强了颜色在图像表示中的作用。在使用单颜色描述子的时候使用CN要比使用HUE得到的分类精度高,这也证明了CN是一种更加优秀的颜色描述子。晚融合之所以能够取得比早融合更好的效果是因为不同类别中球员衣服的形状特征比较相似,但是颜色有着明显的差异,给颜色直方图赋予较大的权值并且给形状直方图一个较小的权值能够体现出图像的本质特征。早融合用一个给定的权重来连接局部形状描述子和颜色描述子,当图像块在衣服的某些部位如袖子上的时候,颜色应该被赋予较大的权值,因为这些部位的形状特征不明显。但是如果图像块的位置在队标或者广告上,形状特征就应该被赋予高权值。所以,用早融合的图像表示不能得到很好的效果。

表 3.1   在Soccer图像集上的实验结果

算法	描述子	字典	分类准确率
早融合	SIFT+HUE+CN	1200	88.8±0.9
晚融合	SIFT+HUE+CN	400+300	89.6±1.0
CA[49]	SIFT+CN	400+300	87.5±0.7
LRFF[52]	SIFT+CN	400+300	89.3±1.1
CCA	SIFT+CN	400+300	90.1±0.9
CA[49]	SIFT+HUE	400+300	82.3±0.8
LRFF[52]	SIFT+HUE	400+300	86.2±0.9
CCA	SIFT+HUE	400+300	86.5±1.1
CA[49]	SIFT+CN+HUE	400+300+300	93.8±0.5
LRFF[52]	SIFT+CN+HUE	400+300+300	94.0±1.1
CCA	SIFT+CN+HUE	400+300+300	96.1±1.0

为了说明颜色合并数量与类之间的关系,我们给出了一组优化结果,AC Milan(AC米兰),Barcelona(巴塞罗那),Chealse(切尔西),Juventus(尤文图斯),Liverpool(利物浦),Madrid(马德里)和PSV(埃因霍温)的最优合并数量分别为15,84,44,5,24,5和14。这些优化结果与我们所观察到的图像特征相吻合。Madrid类的队服颜色是白色,所以合并数量很少,只有5,与此相反的是Barcelona,它拥有最大的合并数量84。Barcelona队服的颜色比较多而且与背景差别也比较大,所以合并数量多。Juventus类别的队服主要由黑色和白色组成,由于黑色与背景颜色相同,黑色与Juventus类的互信息很低,黑色没有被认为是有判别力的颜色。所以只有白色被认为是有判别力的颜色。与Madrid一样,合并数量非常少,只有5。

Flower 17图像库包含了17种花,1020幅图像用于训练,340幅图像用于测

试。在这个图像库中,形状和颜色对于分类都有重要的作用。表 3.2 为在 Flow -
er17 图像库上的分类结果。在只考虑形状特征和颜色特征的前提下,我们的算
法能够取得良好的分类效果。与 Soccer 不同,在这个库当中,CA 和 CCA 在采用
一种或多种颜色描述子的时候分类结果都比早融合和晚融合要好。

表 3.2　在 Flower 17 图像库上的实验结果

算法	描述子	字典	分类准确率
早融合	SIFT+HUE+CN	2000	84.9±0.5
晚融合	SIFT+HUE+CN	1200+300	84.0±0.5
CA[49]	SIFT+CN	1200+300	86.8±1.1
CCA	SIFT+CN	1200+300	89.0±0.5
CA[49]	SIFT+HUE	1200+300	87.1±0.5
CCA	SIFT+HUE	1200+300	88.3±0.5
CA[49]	SIFT+CN+HUE	1200+300+300	88.8±0.5
CCA	SIFT+CN+HUE	1200+300+300	91.7±0.4

为了证明通过目标函数得到的有类依赖的颜色合并数量的重要性,我们做
了另外一组实验,首先尝试通过观察归一化后的互信息值来人为地给定合并数
量,如图 3.6 所示,然后用 CCA 模型进行图像表示用于分类。从图 3.6 中可以发
现,对于各类来说,最优的合并数量是在 30 左右,所以文中选 30 作为人为估计的
合并数量。

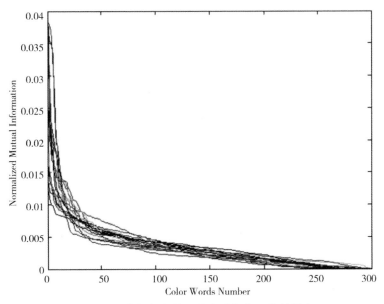

图 3.6　把类与颜色的互信息进行归一化并排序

为了证明我们的假设,我们设置所有类别的颜色合并数量为30,最后的分类精度为88.6%。由于合并数量不是最优值,分类精度小于CCA。图3.6把类与颜色的互信息值进行归一化,然后从大到小进行排序。其中,每一条曲线代表一个类别的互信息排序。需要注意的是,对于所有的类别来说,最优的合并数量都在30左右。图3.6中颜色描述子为CN,颜色字典维度是300。

通过结果比对仍然可以发现,即便不是最优的合并数量,结果仍然优于CA。

为了证明提出方法的性能,我们把CCA与其他优秀算法的性能做了比较,结果如表3.3所示。通过比对可以发现,我们的精度要高于这些方法。

表3.3 与优秀算法的实验结果比较

算法	分类准确率
MKL (semi-infinite linear programs)[43]	85.2±1.5
LP-boost[43]	85.4±3.4
KMTJSRC-CG[30]	88.9±2.9
LPMK-FDA[66]	86.7±1.2
LRFF	91.0±1.1
CCA	91.7±0.4

PASCAL VOC 2007图像库中包含了20个种类的图像,其中5011幅图像用于训练,4952幅用于测试。在这个图像库中,形状是最主要的特征,而颜色属于从属地位。从图像库中可以发现,在人造的对象类中通常对象没有明显的共同颜色,所以很难通过颜色判断出对象位置。在这些类中,很多颜色与类的互信息值相似,所以用互信息排序的方式得到颜色合并数量的方法在这些类内效果不是很好。

图3.7为CCA与CA方法在每类中的比较。实验采用的形状字典维度是1000,CN和HUE的颜色字典维度都是300。从第1类到第20类的类名称分别为aeroplane,bicycle,bird,boat,bottle,bus,car,cat,chair,cow,dining table,dog,horse,motorbike,person,pottedplant,ship,sofa,train和tvmonitor。我们可以发现,在些类别中,例如person,horse和cat中,CCA的结果好于CA,而在另外一些类中例如sofa,tvmonitor和motorbike中,CA会取得更好的结果。因为,在自然类别中,同种对象通常拥有相同的颜色,互信息能够很容易找到这些有判别力的颜色。例如:在cow类别中,有判别力的颜色为棕色、黑色和白色。三种颜色合并后,能够提高对cow的识别准确率。

图3.7所示为在PASCAL VOC 2007图像库上的分类结果。CA的结果用×表示，CCA的结果用+表示。注意在大部分的自然类中，CCA的结果优于CA，而在人造类中，CA的结果通常好于CCA的。

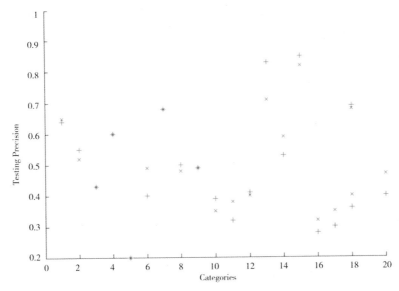

图3.7　在PASCAL VOC 2007图像库上的分类结果

CCA对cow类的识别率只有38%，主要是因为该类中主要的特征是形状特征而不是颜色特征。而在一些人造类中，对象颜色有比较大的变化，而且对象经常会出现在比较特定的场景中，背景颜色经常会变成有判别力的颜色，例如在aeroplane类别中，背景是天空，蓝色成了这类中有判别力的颜色，CCA错误地提高了蓝色天空部分的形状特征权重。除此之外，由于person类别有着比较明显的颜色和形状特征，CA和CCA都能在这里获得比较高的分类准确率。

表3.4　在PASCAL VOC 2007图像库上的实验结果

算法	描述子	字典	分类准确率
SIFT	-	1000	43.5
WSIFT	-	6000	45.0
CA[49]	SIFT+CN	1000+300	48.0
CCA	SIFT+CN	1000+300	47.8
CA[49]	SIFT+HUE	1000+300	49.5
CCA	SIFT+HUE	1000+300	49.6
CA[49]	SIFT+CN+HUE	1000+300+300	50.2
CCA	SIFT+CN+HUE	1000+300+300	50.0

表3.4为在PASCAL VOC 2007上的分类结果比对。当只用HUE颜色描述子的时候CCA优于CA,当用CN作为颜色描述子的时候,CA优于CCA。但是在这两种情况下,结果都差距非常小。当同时采用HUE和CN作为描述子的时候,CCA略逊于CA,这是因为CCA的有效性是基于有判别力的颜色是对象上的颜色这个假设的,自然类的图像符合这个假设,但是人造类的图像却不符合。为了体现出CCA在自然类分类中的优势,我们统计了bird,cat,cow,dog,horse和sheep的平均精度,当用CCA的时候是45.7%,而CA只有45%。

3.6 本章小结

为了提高CA的对象识别准确率,本章提出了一种基于对象颜色估计的颜色合并方法CCA。CCA可以被认为是一种融合形状和颜色特征的图像表示方式。通过与一些多特征融合的图像表示方法的比较,我们的方法能够在Soccer,Flower17和PASCAL VOC 2007上取得良好的效果。CCA能够提高对象识别的准确率,但是,如果对象上某些部位的颜色与背景颜色很相似,CCA不能把这部分的图像块认为是对象上的图像块。

第四章　基于上下文颜色注意力的多特征对象识别方法

视觉注意力能够有效地把对象从场景当中区分出来。Khan F S等人[49]提出颜色可以通过一种自顶向下的方式来指引人们的注意力,并且用于发现对象区域。在注意力图中,注意力值越大的区域越有可能是对象上的区域,由于多种原因,对象区域内的注意力值往往不相同,导致不能准确地判断出对象区域。

本章提出一种基于颜色上下文注意力的对象识别方法。首先,通过优化得到每类当中有判别力的颜色,根据图像块的颜色是否属于有判别力的颜色可以把图像中的图像块分为两类,即强图像块和弱图像块。但是弱图像块当中有一些属于对象上的图像块,为了识别这些伪弱图像块,算法先计算出每个弱图像块的上下文颜色注意力值,再通过构造目标函数求得每类图像的最优上下文颜色注意力阈值,并且根据阈值判断哪些弱图像块为伪弱图像块。为了能够更好地进行图像表示,文中提出了对象颜色直方图的概念,并利用对象颜色直方图构造自顶向下的颜色注意力图,最终用于图像表示。

通过上下文构造颜色注意力图的目的是准确地找到对象图像块,进行更有针对性的图像表示,提高分类准确率。实验结果表明,与一些优秀的算法相比,我们的算法在Soccer(足球)、Flower 17(花朵17)和Flower 102(花朵102)图像库中能够获得更高的分类精度。

本章主要内容安排:在4.1节简要介绍注意力图的基本知识;4.2节从注意力图的角度分析CA方法的不足,并且提出了一种基于上下文颜色注意力的对象识别方法;4.3节中通过在标准图像集上的实验来验证提出方法的有效性;4.4节对本章提出的方法进行总结。

4.1　背景知识介绍

视觉注意力在很多领域得到了广泛的应用,如心理学领域和计算机视觉领域。视觉注意力主要分为两种,即自底向上的注意力和自顶向下的注意力。自底向上的视觉注意力的选择主要依赖于图像的底层特征,图像的显著性就是一种自底向上的注意力计算方式。与此形成对比的是自顶向下的注意力,它主要用于选择对象实体而不是显著的底层特征。

显著性图被广泛应用于对象检测。张鹏等人[73]提出了一种基于视点转移和视区追踪的图像显著区域检测方法。Jiang F等人[74]通过提升显著性结合BOW的方式进行图像分类。Cheng M M等人[69]提出了一种基于区域对比的显著性提取方法,这种方法能够同时考虑全局的特征对比和空间相关性。Wang M等人[75]把图像分割成图像块,为了计算图像的显著性,把图像中大量的无标注的图像块作为字典,通过计算图像块和字典的关系来计算显著性。Achanta R等人[68]提出的显著性区域检测方法能够输出边界清楚的高分辨率显著性图。Li H等人[67]能够通过一对有着相同对象的图像来计算协同显著性。这些方法都能够提高对象识别的准确率,但这些计算方法都没有考虑上下文关系。

结合上下文信息能够更好地理解图像的内容,这些上下文信息可以通过临近的图像数据和对象数据等获得。Parikh D等人[76]用上下文信息来判断哪种底层特征对于图像内容是最显著的或者说最具有代表性的。Perko R和Leonardis A[77]提出了一种基于稀疏编码和几何纹理的上下文特征的视觉对象检测框架。Goferman S等人[78]提出了一种基于心理学的上下文显著性计算方法,在这种方法中提到中心区域的邻域能够传递注意力,这些邻域也是显著的。

自顶向下的因素在指引注意力方面扮演着重要的角色,Khan F S等人[49]根据颜色在每类当中出现的概率构造自顶向下的颜色主力图,并且用注意力图给形状特征加权。Yang J和Yang M H[79]通过条件随机场和字典学习来构建自顶向下的显著性图。Kanan C等人[80]利用贝叶斯框架提出了一种自顶向下的基于知识的显著性模型。在Oliva等人的论文"Top-down control of visual attention in object detection"中提出了一种基于全局场景配置的注意力图,并通过实验说明场景的底层特征统计能够用于发现对象区域。除此之外,自顶向下和自底向上的方法也经常合并起来用于计算显著性图。

在已有的文献中,利用自顶向下的视觉注意力能够发现对象区域,然而很少有文献尝试把注意力图应用于图像表示。在注意力图中,注意力值越高的地方越有可能是对象区域,但是如何计算注意力阈值一直以来是一个难点。本章提出了一种自顶向下的上下文颜色注意力图,能够把BOW模型与注意力图结合起来用于图像表示。除此以外,提出的算法能够用优化的方法得到注意力阈值,用于区分对象区域和背景区域。

4.2 基于上下文颜色的图像表示

在之前的3.3节中,我们介绍了CA方法,如果某种颜色在某类中出现的概率高,那么拥有这种颜色的图像块上就被赋予较高的注意力值(权值)。但是在现实世界当中,对象的颜色往往是多种多这样的,如图4.1所示。

PSV (埃因霍温)	AC Milan (AC 米兰)	Chelsea (切尔西)	Barcclona (巴塞罗那)	Juventus (尤文图斯)
Juventus (向日葵)	Daffodil (黄水仙)	Pansy (三色堇)	Pansy (贝母)	Tigerlily (虎百合)

图 4.1　Soccer 和 Flower 17 图像集

与CA算法不同,我们不单独考虑某种颜色的注意力值,而是希望把对象上所有的区域赋予相同的注意力值。

对象上的图像块颜色不同,有的图像块颜色是有判别力的,有的图像块颜色是没有判别力的。

为了使对象上的图像块在注意力图上有相同的注意力值,我们提出了一种基于上下文颜色注意力的对象区域的估计方法。在构建的注意力图中,对象所在的区域拥有相同的高注意力值。

如图4.2所示,图像中,(a)为原图像,(b)和(c)分别为CA算法与我们的方法构造出的注意力图。从图中可以很明显地看到,与CA算法的注意力图相比,我们的注意力图能够使对象上的图像块整体得到突出。在我们提出的基于上下文的注意力图中,所有的对象图像块都获得了相同的高注意力值。

（a)原图像   (b)CA方法计算得到的注意力图   (c)我们的注意力图

图 4.2 颜色注意力图举例

　　需要说明的是,我们的注意力图与其他的注意力图主要有两点区别。首先,我们的注意力图只用于图像表示,所以我们只对对象上的图像块感兴趣,而不是把重点放在如何准确地找到对象的边缘。通过采样在图像中得到一系列独立的图像块,图像可以用这些图像块来进行表示。一些方法用分割或者显著的像素来找到准确的对象区域。由于我们的方法是基于 CA 方法的,我们首先用 DoG[6]和 Harris–Laplace[85]关键点检测方法得到图像块,通过对图像块的判断来找到对象区域。由于图像块是方形的,所以与一些基于颜色的图像分割方法不同,我们的方法不可能得到准确的边缘。尽管如此,我们只是对对象上的图像块感兴趣而不是像素。其次,我们用 SIFT 特征来描述图像块的形状特征,然后用颜色来调整形状特征的重要性。这与用颜色来构造显著性图,然后估计对象区域的方式有着本质的区别。

　　方法流程图如图 4.3 所示,先从图像中提取局部颜色和形状信息,然后通过计算各类有判别力的颜色及优化得到有类依赖的上下文颜色注意力阈值来发现对象上的图像块,再用有类依赖的对象颜色直方图来构建颜色注意力图,接下来用颜色注意力图来调整形状特征权值生成颜色形状直方图,最后把有类依赖的颜色形状直方图连接起来作为图像表示。

我们的方法很大程度上受到了论文"Top-down color attention for object rec-ognition,Context-aware saliency detection"和"Hierarchical matching with side infor-mation for image classification"的启发,方法的目的是利用自顶向下的颜色注意力图和上下文颜色关系,在图像表示的时候给对象图像块赋予相同的高权值。

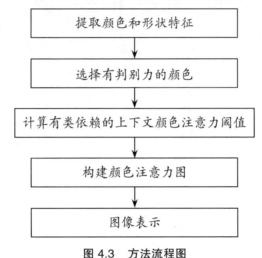

图 4.3　方法流程图

4.2.1　图像块颜色与对象区域的关系

有判别力的颜色的图像块可以被认为是对象上的图像块,但是如果把其他颜色的图像块都认为是背景上的图像块,这样很多对象上的图像块会被误认为是背景上的。为了解决这个问题,我们提出用上下文颜色注意力的方法来识别对象上的图像块。强颜色被认为是有判别力的颜色,其他颜色被认为是弱颜色。拥有强颜色的图像块叫作强图像块,拥有其他颜色的图像块被称为弱图像块。我们假设,所有的强图像块都是对象上的图像块并且所有的弱图像块都是背景上的图像块。同样也存在这样一些图像块,它们的颜色不是有判别力的颜色,但是它们仍然属于对象上的图像块,这些图像块被称为伪弱图像块。在图4.4中,红色、黄色和蓝色边界的图像块分别代表强、弱和伪弱图像块。在 Juventus(尤文图斯)类,对象颜色是黑白色,由于黑色类似于背景颜色,所以唯一的强颜色是白色。同样的情况发生在Pansy(三色堇)类,同样Pansy上面有很多的黑色图像块,但是这些图像块在CA方法中都被认为是背景上的图像块。

4.2.2　强图像块和弱图像块的判别

我们采用有类依赖的有判别力的颜色选择方法来找到有判别力的颜色,用于发现强图像块。而从弱图像块中发现那些伪弱图像块主要依赖于颜色的上下文关系。

图 4.4　Soccer(足球)图像集中的Juventus(尤文图斯)类别图像

Flower 17(花朵17)图像集中的Pansy(三色堇)图像

红色边界的图像块为强图像块,这些图像块在对象上。蓝色和黄色边界的图像块为弱图像块。蓝色边界的图像块颜色与背景颜色相似,尽管如此它们仍然是对象上的图像块,属于伪弱图像块。

4.2.3　基于上下文颜色注意力的对象图像块检测

单纯地依靠颜色不能判别伪弱图像块。为了找到这些图像块,我们不能只考虑图像块本身的注意力,更要考虑它周围的图像块提供的上下文信息。根据格式塔法则,视觉可能有一个或几个重心[87]。这样,那些临近注意力焦点的部分应该比远离焦点的部分得到更多的注意力值。临近焦点的区域可以传递注意力值,并且这些区域也能够吸引人们的注意力。

一个弱图像块的上下文注意力值可以由它临近的 m 个强图像块来决定。对于任一图像块 i,它的上下文颜色注意力值可定义为

$$CAV_i = \sum_{l=1}^{m} \exp\left(-\beta d\left(r_l, r_i\right)\right) CA_l \tag{4-1}$$

其中,

$$d\left(r_l, r_i\right) = \frac{D\left(\left(r_l, r_i\right)\right)}{W \times H} \tag{4-2}$$

图像块 p_l 是图像 p_i 的 m 个强图像块近邻中的一个,CA_l 是 p_l 的颜色注意力值。r_l 和 r_i 分别是 p_l 和 p_i 的中心,用于计算两个图像块中心点之间的距离;W 和 H 是图

像的宽度和高度。$D(\cdot,\cdot)$是标准化后的距离，β用于控制距离的权重，β越大，距离所产生的作用越小。公式(4-1)增强了距离近的强图像块对于计算上下文注意力值的影响，减小了距离远的图像块对于注意力值的影响。

我们假设：如果一个弱图像块的上下文颜色注意力值超过一个阈值，那么个图像块为伪弱图像块。如何计算出合适的阈值是一个困难的问题。目前有一些方法用于计算显著性图的阈值，在论文"Saliency detection: A spectral residual approach"和"Saliency filters: Contrast based filtering for salient region detection"中，阈值被认为是图像内平均显著性值的整倍数，但是没有文献表明这种方法同样适用于自顶向下的注意力图。在论文"Combining bottom-up and top-down information for saliency detection"和"Boosting bottom-up and top-down visual features for saliency estimation"中，用一个给定的值作为阈值，但是在我们的方法中，不同类别对应着不同的阈值。所以这些方法不适用于我们的问题。

类内对象相似性是一个重要的衡量有类依赖的上下文注意力阈值的因素。我们认为，一个合理的阈值能够使类内的形状特征更加相似。

假设p_i是类C中的第i个弱图像块，其中，$C=1,2,\cdots,k$，$CAV_{i,c}$代表弱图像块$p_{i,c}$的上下文颜色注意力值。如果$CAV_{i,c}$超过类C的阈值，这个图像块就被认为是一个伪弱图像块，否则就被认为是一个弱图像块。为了获得每类的阈值，我们构造目标函数为

$$\max_{T_c, C=1,\cdots,k} \sum_{i=1}^{n_{C-1}} \sum_{j>1}^{n_C} 2Sim\left(SH_{i,C}, SH_{j,C}\right)/n_c*\left(n_c-1\right) - \lambda T_C \tag{4-3}$$

式中，T_C代表类C的上下文颜色注意力阈值，$SH_{i,C}$是属于类C的图像i的形状直方图，这个直方图用强图像块和伪弱图像块在形状字典上的分布来表示。n_c是类C中的图像数量。λ用于平衡这两项的重要性。$Sim(\cdot,\cdot)$为卡方相似性，令a和b为任意两幅图像的直方图表示，直方图的卡方相似性可表示为

$$Sim(a,b) = 1 - \sum_i \frac{\left(a(i) - b(i)^2\right)^2}{\frac{1}{2}\left(a(i) + b(i)\right)} \tag{4-4}$$

目标函数中的第一项用于计算类C中任意一对图像的平均对象形状相似度，使这一项最大化能够保证通过注意力图得到的相同类内的对象是相似的。最大化第二项$-\lambda Y_c$用于降低上下文颜色注意力的阈值，这样可以找到更多对象上的图像块。我们希望在保证类内对象相似度的前提下找到更多的伪弱图像块。

目标函数中第二项的作用可以从图 4.5 中观察到,图像 4.5(a)和 4.5(b)是两幅 Madrid(马德里)类的图像。在红色区域的图像块是强图像块,其他区域的图像块为弱图像块。我们依照上下文的颜色注意力值对黄色、蓝色和绿色区域进行排序。蓝色区域的图像块拥有最高的注意力值,绿色区域的图像块注意力值最低。T 为上下文颜色注意力的阈值,其中 $T_0 > T_1 > T_2 > T_3$。图 4.5(c)~图 4.5(m)所示是在不同的阈值下得到的对象形状直方图。可以很明显发现,随着阈值的增加,越来越多的伪弱图像块被找到,用于构建形状直方图,T_3 是最优的阈值。T_0 是 Madrid 类当中最大的阈值,所以,图 4.5(c)和图 4.5(d)所示是强图像块组成的形状直方图。图 4.5(c)与图 4.5(d)之间所示,图 4.5(e)与图 4.5(f)之间所示,图 4.5(g)与图 4.5(h)之间所示,图 4.5(l)与图 4.5(m)之间所示的相似度是一样的,所以目标函数中的第一项在不同阈值情况下是相同的。这里 $T = T_3$ 是最优的阈值,因为是 T_3 最小的阈值,能够使第二项最大化。注意在使用 T_3 作为阈值的时候能够发现更多的伪弱图像,如图 4.5(l)和图 4.5(m)所示。

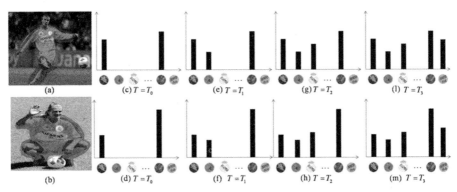

图 4.5　目标函数中最大化第二项的作用

图 4.5 中(c)(e)(g)(l)和(d)(f)(h)(m)是(a)和(b)在不同阈值情况下的对象形状直方图,其中 $T_0 > T_1 > T_2 > T_3$。Y 轴代表各种不同形状视觉词出现的频率。

计算有类依赖的阈值可以被认为是一个优化过程,其中 T_C 是唯一的变量。我们设置一个步长,接下来枚举所有可能的阈值,最终能够使目标函数最大化的阈值即为最优的阈值。

为了计算上下文注意,需要计算弱图像块与强图像块的距离,令 P_{max} 为某类别的单幅图像所拥有的最大图像块数。计算某个类别图像上下文颜色注意力值的计算复杂度为 $O(P_{max}^2 L)$,其中 L 为这类图像中训练图像的数量。我们需要用强图像块和上下文注意力值大于阈值的弱图像块,即伪弱图像块来构建形状直方图。构建这些形状直方图的计算复杂度为 $O\left(P_{\max}L\right)$,求解公式(4–3)的计算复杂度为 $O\left(L^2V^s\right)$,其中 V^s 是形状直方图的维度。所以,用于为每类图像计算最优阈值的时间复杂度为 $O\left(\max\left(p_{\max}^2L,L^2V^sE\right)\right)$,其中 E 为枚举的次数。

4.2.4 构建颜色注意力图

在 CA 方法当中,图像块的注意力取决于其颜色在所属的类别图像中出现的概率。我们假设所有对象上的图像都有一致的颜色,这种颜色叫作对象颜色。对象颜色的区域覆盖了所有的强图像块和伪弱图像块。本章提出了一种对象颜色直方图(object color histogram, OCH)用于表现出对象颜色与其他颜色的区别。

颜色视觉词的集合为 $W^c=\left\{w_1^c,w_2^c,\cdots,w_{V^c}^c\right\}$,$w_i^c$ 为第 i 个颜色视觉词,V^c 是颜色视觉词的数量。令 q_i 代表 w_i^c 出现的概率,第 j 类的对象颜色直方图可以表示为 $OCH_j=\left\{q_1,q_2,\cdots,q_{V^c}\right\}$。

$$q_i' = \begin{cases} q_i-\Delta_i & , & w_i^c \notin S \\ \sum\limits_{w_k^c \in S}q_k + \sum\limits_{w_l^c \notin S}\Delta_l & , & w_i^c \notin S \end{cases} \tag{4–5}$$

式中,$S\subseteq W$,所有属于 S 的颜色词都是强颜色词,Δ_i 代表颜色为弱颜色 w_i^c 的图像块出现的概率。在图 4.6 中,紫色、白色和黄色是 Pansy 类的有判别力的颜色,但是 Pansy 局部的颜色是黑色。Pansy 可以被认为是一些列有颜色的图像块的集合,这些图像块包括紫色、白色和黄色的图像块(强图像块)和一些黑色的图像块(伪弱图像块)。如图 4.6(c)所示的强对象颜色直方图(strong object color histo-gram, SOCH)把所有强图像块的出现概率结合起来作为对象颜色的出现概率。如图 4.6(d)所示的对象颜色直方把强图像块和伪弱图像块的出现概率结合起来作为对象颜色的出现概率。在 OCH 和 SOCH 中第一个颜色词出现的概率代表对象颜色出现的概率。

在构建注意力图的过程中,公式(4–5)可以用有类依赖的 OCH 而不是颜色直方图计算得到。对象图像块的注意力值与对象颜色出现的概率成正比。用 OCH 代替颜色直方图有如下优点:首先,与 CA 方法相比较,我们给对象图像块赋予了更高的权值,能够提高识别准确率;其次,我们给伪弱图像块和强图像块赋予了相同的注意力值。与 CA 方法相同,我们的图像表示也可以用公式(3–6)扩展到多特征。

4.3　实验

我们实验的目的是展示我们提出的方法能够改进CA,提高分类准确率。实验在三个图像库中进行,Soccer图像库、Flower 17图像库和Flower 102图像库。每个实验重复10次用于获取分类的准确率和方差。

图4.6(b)所示为颜色直方图是Pansy图像中各种颜色出现的概率分布。图4.6(c)所示为Pansy的强对象颜色直方图,合并了强颜色出现的概率作为对象颜色出现的概率,其中第一个颜色词为对象颜色词,它合并了紫色、白色和黄色这三种颜色的出现概率。图4.6(d)所示为对象颜色直方图,它把所有强图像块和伪弱图像块的出现概率合并起来作为对象颜色出现的概率。注意在Pansy的对象颜色直方图中,一些黑色的图像块同样被识别为对象的图像块。

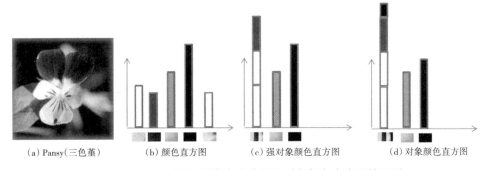

(a) Pansy(三色堇)　　(b) 颜色直方图　　(c) 强对象颜色直方图　　(d) 对象颜色直方图

图 4.6　颜色直方图、强颜色直方图和对象颜色直方图的区别

4.3.1　分类框架

为了与CA方法比较,我们在Soccer图像库中进行实验的时候采用了与CA相同的关键点检测子即DoG。CA在Flower 17图像库中采用了Harris-Laplace、DOG和多尺度网格检测子,然而我们在Flower 17和Flower 102中只采用了Har-ris-Laplace和DoG,原因在于多尺度网格的方法能够产生很多背景上的图像块。另外一个采用多种检测子的原因是因为这些检测子能够互相弥补彼此的缺点,可以用于找到更多的关键点。SIFT描述子用于描述图像块的形状信息,Color-Name(CN)和HUE两种描述子用于描述图像块的颜色信息。把形状和颜色描述子用K-means聚类算法进行聚类,聚类中心即为形状字典和颜色字典。由于训练集合图像数量的关系,在Soccer和Flower 102图像集中,所有的描述子都用于聚类,而在Flower 17当中,随机选择了1/3的描述子用于聚类生成字典。与目标

函数(3-9)不同,在目标函数(4-3)中我们选择了卡方核函数而不是交核函数,这是因为在调参的过程中,我们发现采用卡方核函数能够得到更高的分类准确率。生成图像表示后用非线性SVM训练分类器[62]进行分类。

4.3.2 实验参数设置

与一些基于上下文的方法相似,近邻的强图像块数量 m 是人为给定的。在实验中, m 的值为6。首先,在一些类中,对象很小,比如 Flower 17 中的 LilyValley 和 Snowdrop,所以 m 不能取一个很大的值。其次,我们倾向在小范围内找到伪弱图像块,比如队服的标志和花的斑点上。实验发现,当选择 $m = 6$ 时,能够在这些库中得到良好的分类结果。

参数 λ 的调参范围是 $\{10,20,\cdots,100\}$, β 的范围是 $\{0.1,0.2,\cdots,1.0\}$。 $[\lambda,\beta]$ 在 Soccer 和 Flower 17 中通过交叉验证的方法得到,在 Flower 102 中从验证集中学到。用非线性SVM训练分类器[62],在 Soccer 中采用交核,在 Flower17 和 Flower 102 中采用 χ^2 核。CA 和 LRFF 是两个重要的基线算法,其中 CA 采用了与我们相同的核函数,而 LRFF 中 λ 取值15。

4.3.3 上下文颜色注意力图

为了说明我们提出的基于上下文的颜色注意力图的效果,我们从测试集中选择了一些图像。

在Soccer图像集中,对象是球员。如图4.7所示,每一幅图像下面显示了CA构造的注意力图和我们构造的注意力图。图4.7中,第一行:从Soccer中选择的图像样例;第二行:CA方法构造的注意力图;第三行:用我们的方法构造的注意力图。与CA相比,我们的注意力图能够更准确地描述对象区域。在 AC Milan 类,黑色的图像块是弱图像块,红色的图像块是强图像块。在上下文颜色信息的帮助下,一些黑色的伪弱图像块被识别出来,并且被赋予了和强图像块同样的注意力值。在 Juventus 类别中有两个球员,其中左边的球员属于 Juventus 类,需要注意的是只有左边的球员赋予了高注意力值,右边的球员队服颜色不是有判别力的颜色,所以注意力值很低。Barcelona,Liverpool 和 PSV 队服身上的队标等都不属于有判别力的颜色,但是这些区域都找到了。

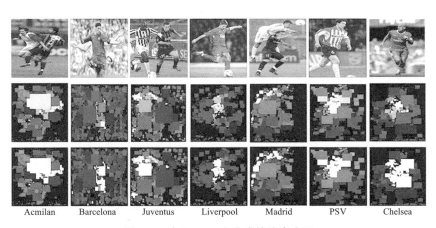

| Acmilan | Barcelona | Juventus | Liverpool | Madrid | PSV | Chelsea |

图 4.7　在Soccer上生成的注意力图

图4.8所示为阈值的范围。不同类别的最优值通常不同,阈值的范围也不相同。我们枚举所有可能的阈值,最优的阈值可以通过公式(4-3)来获得。不同类别的阈值是不同的,如果阈值为0,说明所有的弱图像块都被认为是伪弱图像块。如果选择最大的上下文注意力作为阈值,则不存在伪弱图像块。随着阈值的增加,越来越多的弱图像块被用于计算类内形状相似度。在图4.8中,Madrid 和 Chelsea 的目标函数值大于其他类别。这是因为这两类图像的对象颜色比较单一,且弱图像块与强图像块距离比较远,对象比较容易识别出。在Juventus类,极大阈值与极小阈值的差只有0.015,说明弱图像块和伪弱图像块的上下文颜色注意力差别不大,伪弱图像块比较难于识别。

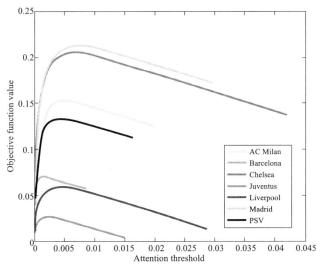

图 4.8　在不同上下文颜色注意力阈值性情况下的目标函数值

在 Flower 17 图像库中,对象为不同种类的花朵,图4.9所示为我们的方法与CA方法构造的颜色注意力图的比较。

| | | | | | | |
| Bluebell | Tigerily | Fritillary | Sunflower | Pansy | Daffodil | Colts'Foot |

图 4.9   在 Flower 17 图像库中生成的注意力图

图4.9中,第一行:图像样例;第二行:CA方法构造的注意力图;第三行:用我们的方法构造的注意力图。需要注意的是与CA方法相比,我们的注意力图给对象上的图像块赋予了相同的高注意力值。

从图中很容易发现,我们的注意力图能够找到更加准确的对象位置。我们的方法在 Tigerlily(虎百合)类和 Fritillary(贝母)类有着明显的作用。Tigerlily 的取名是因为它本身有橙色的花朵和黑色的斑点,在 CA 的注意力图中,黑色斑点的注意力图很低,与此形成对比的是,我们的方法可以把这些黑色的斑点认为是伪弱图像块,并且作为对象的一部分。Fritillary 上的伪弱图像块也可以用同样的方法找到。在 Sunflower(向日葵)类中,黄色不是有判别力的颜色,因为在 Flower 17 库中有很多不同种类黄色的花朵,例如 Daffodil(水仙花)和 Colts'Foot(款冬花)。黄色与 Sunflower 类别的互信息很低,但是由于黄色出现的概率高,所以在注意力图中的注意力值仍然很高。Sunflower 有判别力的颜色在中间部分,从图中可以发现这部分同样很突出。由于同样的原因,从图中可以发现我们的注意力图也优于 Daffodil 和 Colts'Foot.

从图中可以发现,有一些对象上的像素不包括在任何的图像块中,这是因为我们想要使对象上的图像块突出而不是对象上的像素。与 Flower 17 一样,Flower102 图像集的对象同样是不同种类的花朵。图4.10所示为 CA 方法与我们构造的颜色注意力图的对比,从图中不难发现,我们的注意力图同样优于 CA 方法。

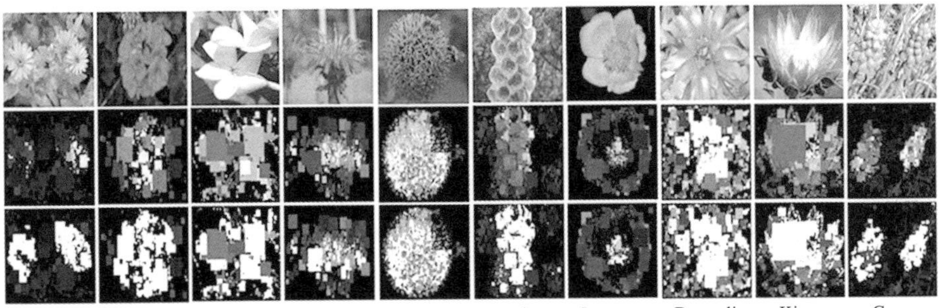

| Ostcospe-rmum | Geranium | Frangipani | Bee Balm | Globe Thistle | Foxglove | Japanese Anemone | Bromelia | King Protea | Grapc Hyacinth |

图 4.10 在 Flower 102 图像集中生成的注意力图

图 4.10 中,第一行:Flower 102 中的图像样例;第二行:CA 方法构造的注意力图;第三行:用我们的方法构造的注意力图。

4.3.4 图像分类结果

用 Soccer 图像库来检测图像表示的效果。在这个图像库当中,主要任务是识别球员身上的队服。不同类之间最大的差异在于队服的颜色、条纹和队标,其中队服的颜色是最有判别力的特征。图像库包括 7 个球队的 280 幅图像,其中 175 幅图像用于训练,105 幅用于测试。

表 4.1 中所列为分类结果。实验中,我们采用 $\lambda=30, \beta=0.8$。众所周知,CN 描述子比其他描述子更能够体现出本质的颜色。所在,在用 CN 描述子的时候我们的算法比起用 HUE 描述子的分类结果提升了将近 4%。从表中可以发现,在所有的情况下,我们的算法结果都优于 CA。我们用配对 t 检验来比较了不同算法的结果,在用 CN 作为描述子的时候,P 值为 0.0232,说明我们的算法与 LRFF 有的结果有着很大的差别。不幸的是,当用 HUE 作为颜色描述子的时候,两个结果没有本质上的差异。我们发现,我们的算法在 AC Milan 和 Juventus 类优于 LRFF,因为在这两类中,队服的颜色有一部分是黑色,与背景的相似,我们的算法能够区别出对象上的黑色和背景上的黑色。图 4.11 所示为 CA、LRFF 和我们的算法在用 SIFT+HUE+CN 作为描述子的情况下不同类别的平均精度。注意,我们的算法在颜色多种多样的类别,如 AC Milan,Barcelona,Juventus 和 PSV 中明显优于 CA。同样,我们的算法也在大部分的类中优于 LRFF。我们在第 3 章中提出的 CCA 算法由于只能发现对象上有判别力颜色的区域,而不能发现无判别力颜色的对象区域,如广告等,所以分类结果准确率仍然低于基于上下文颜色注意力图的方法。

表 4.1　在Soccer图像集上的实验结果

算法	描述子	字典	分类准确率
SLF[52]	SIFT+CN	400+300	81.9±0.9
CA[49]	SIFT+CN	400+300	87.5±0.7
LRFF[52]	SIFT+CN	400+300	89.3±1.1
CCA	SIFT+CN	400+300	90.1±0.9
我们的方法	SIFT+CN	400+300	90.8±1.1
SLF[52]	SIFT+HUE	400+300	79.5±0.9
CA[49]	SIFT+HUE	400+300	82.3±0.8
LRFF[52]	SIFT+HUE	400+300	86.2±0.9
CCA	SIFT+HUE	400+300	86.5±1.1
我们的方法	SIFT+HUE	400+300	87.5±1.1
SLF[52]	SIFT+CN+HUE	400+300+300	88.4±0.8
CA[49]	SIFT+CN+HUE	400+300+300	93.8±0.5
LRFF[52]	SIFT+CN+HUE	400+300+300	94.0±1.1
CCA	SIFT+CN+HUE	400+300+300	96.1±1.0
我们的方法	SIFT+CN+HUE	400+300+300	96.9±0.8

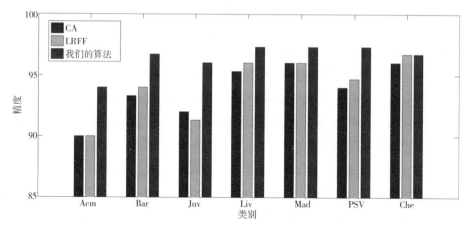

图 4.11　在每类中CA、LRFF和我们算法的平均精度比较

Flower 17图像库包含了17个种类的花,每个种类当中包含80幅图像,其中1020幅图像用于训练,340幅用于测试。形状和颜色对于分类都很重要。

表4.2中所列为CA,LRFF和我们算法在Flower 17上的结果。在这个图像集中,我们的结果优于CA,但是和LRFF的结果没有明显区别。在图4.12中我们分析了这三种方法在每个类别中的分类准确率。LRFF在Daffodil,Dandelion,Bluebell,Tulip和Cowslip类中优于我们的方法,而我们的方法在Daisy,Fritillary,

Iris，Pansy，Sunflower 和 Tigerlily 类中有着更高的分类准确率。实验比对说明，当对象颜色单一的时候，LRFF能够取得令人满意的结果，而当对象颜色比较多的时候，我们的方法能取得更好的效果，因为我们的颜色注意力图能够找到对象区域。

当$\lambda = 50$，$\beta = 0.7$ 的时候我们的方法能取得最好的结果，通过配对t检验，发现我们的方法与LRFF的结果没有明显区别，因为形状和颜色在这个库中都非常重要，颜色注意力图在图像库中的作用不像在Soccer图像库中那么明显。由于考虑上了上下文的颜色关系，上下文颜色注意图的方法的分类结果仍然优于CA方法。

表 4.2　在 Flower 17 图像库上的实验结果

(每类当中60幅图像训练，20幅用于测试)

算法	描述子	字典	分类标准率
CA[49]	SIFT+CN	1200+300	86.9±1.1
	SIFT+HUE	1200+300	87.1±0.5
	SIFT+CN+HUE	1200+300+300	88.8±0.5
LRFF[52]	SIFT+CN	1000+300	86.2±1.0
	SIFT+HUE	1000+300	85.0±0.8
	SIFT+CN+HUE	1000+300+300	91.0±1.1
CCA	SIFT+CN	1200+300	89.0±0.5
	SIFT+HUE	1200+300	88.3±0.5
	SIFT+CN+HUE	1200+300+300	91.7±0.4
我们的方法	SIFT+CN	1200+300	89.6±0.6
	SIFT+HUE	1200+300	88.9±1.0
	SIFT+CN+HUE	1200+300+300	92.9±1.2

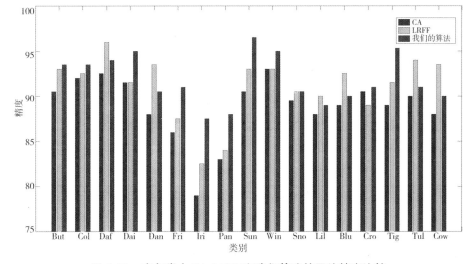

图 4.12　在每类中CA、LRFF和我们算法的平均精度比较

Flower 17在分类时,标准的方法是把每类图像随机划分成40幅训练集、20幅验证集和20幅测试集。在这种情况下我们同样做了实验来验证性能。在表4.3所列实验结果中,我们的方法同样显示了不错的分类效果。

表 4.3 在 Flower 17 图像库上的实验结果

（每类当中40幅图像训练,20幅用于验证,20幅用于测试）

算法	分类准确率
Yuan 等[30]	88.2±2.3
Gehler 和 Nowozin[43]	88.5±3.0
Fei Yan[66]	86.7±1.2
我们的方法	91.0±1.0

Flower 102图像库包含了102种花的8189幅图像。在每类中10幅给定的图像用于训练,10幅给定的图像用于验证,其余用作测试。在实验当中,形状字典的维度为5000,两个颜色字典的维度都为200。

用图像分割找到对象区域用于分类的方法能够提高分类准确率。在这些方法中,最好的分类结果是在论文"Bicos: A bi-level co-segmentation method for image classification"中的80.0%,但是这种方法中用了5种描述子。并且在论文"Bicos: A bi-level co-segmentation method for image classification"中,用到了论文"Robust classification of objects, faces, and flowers using natural image statistics"中的第三方的Grabcut图像分割方法。

表4.4中列出了一些相关方法的分类准确性比对。

表 4.4　在 Flower 102 图像集上的实验结果比对

算法	分类准确率
OpponentSIFT[51]	69.2
早融合[51]	70.5
CA[49]	70.8
saliency[94]	71.0
Portmanteau[51]	73.3
Fine-grained[95]	76.7
我们的方法	73.1

表4.4中,论文"Top-down color attention for object recognition"和"Portmanteau vocabularies for multi-cue image representation"用到了显著性图,与我们相同,只利用形状和颜色进行图像分类,论文"Efficient object detection and segmentation for fine-grained recognition"利用颜色、HOG 和形状遮罩来进行对象识别。就我们所知,73.3% 是利用颜色和形状进行分类的最好结果,不幸的是,我们的方法性能低于论文"Portmanteau vocabularies for multi-cue image representation"中的结果,但是结果与其相近。当采用 $\lambda = 90, \beta = 0.7$ 的时候,我们的方法比 CA 提高了 2%。

4.4　本章小结

在本章中,我们提出了一种基于上下文的颜色注意力图。CA 用构造的自顶向下的颜色注意力图来找到对象位置,但是对象上的注意力值不一样。我们的颜色注意力图用于使所有对象上的图像块都能够突显出来,这些图像块包括强图像块和伪弱图像块。实验结果表明,与 CA 相比,我们的方法能够在公认的图像库中提高 2% 的识别准确率。

除此之外,还有一些在未来需要改进的方面,尤其是对象颜色的估计。因为,有一些花有相似的颜色,这些颜色与类别的互信息要低于那些与众不同的颜色与类的互信息。提出一种新的强颜色提取方法是很有意义的。除此之外,如果对象颜色与背景相似,提出的颜色注意力图很难将两者区分开。如何降低图像表示的维度也是一个重要的改进方面。

第五章　基于颜色层次划分的多特征图像分类方法

BOW图像表示方法的一个问题在于并没有考虑到不同特征在图像空间上的位置关系,加入空间信息能够提高图像表示的判别力。本章提出了一种基于颜色层次划分的图像表示方法用于增加空间信息。算法利用颜色作为层次划分的标准,用以为BOW提供空间特征。算法首先通过有判别力的颜色把图像分为前景和背景两部分,然后继续通过有判别力的颜色判断把图像继续分层。本章提出的成分金字塔匹配方法(component pyramid matching,CPM)在对象识别的图像库中取得了良好的效果。

本章主要内容安排如下:首先在5.1节简要介绍了图像空间特征表示的基本知识;在5.2节,根据对象颜色的特征提出了基于成分金字塔匹配的对象分类方法;5.3节的实验用于证明成分金字塔方法的分类有效性;5.4节为本章的总结。

5.1　背景知识介绍

BOW把图像认为是图像中出现的图像块的集合,按照图像块的特征,统计每种图像块在图像中出现的频率,最后把图像表示成一种直方图的形式。由于BOW模型没有考虑图像块之间的空间位置信息,这在一定程度上弱化了模型的分类能力。

有很多优秀的算法尝试给BOW增加空间信息,Cao Y等人[96]首先基于不同的空间特征对局部特征进行映射,产生一系列无序的特征,然后选择一种类似boosting的算法来选择特征进行图像表示。Sivic J等人[97]扩展了BOW的字典用于对那些空间局部内经常一起出现的区域进行编码。Morioka N等人[98]提出了一种简单有效的方法,利用临近的成对SIFT描述子来构建字典,并把这种字典融入BOW模型用于增加空间信息。最有名的提供空间信息的方法就是Lazebnik S等人[25]提出的空间金字塔(spatial pyramid matching, SPM)模型,模型把整幅图像划分为多尺度的细胞单元,并在每一个细胞单元中使用BOW对图像进行特征表示,取得了较好的分类效果。空间金字塔的成功主要有两方面的因素,即加入了空间信息和使用了金字塔匹配核。Yang J等人[34]提出了一种空间金字塔的扩展方法,这种方法首先通过稀疏编码进行量化,然后用极大pooling进行表示。但是这些基于空间金字塔的方法都是通过把图像硬分割成不同尺度的细胞单元,并且在相对应的细胞单元内进行匹配,如果场景或者对象不在相应的位置上出现,则匹配效果比较差。为了解决这个问题,出现了很多基于学习的并且能够融入空间信息的图像分类方法。

　　Li F等人[100]首先对图像进行分割,然后用整体图形–背景假设排序来进行对象识别。这种方法通过连续估计空间重叠的分割区域的假设和推断的类别来做决策。Chen Q等人[86]提出了一种层次的图像匹配框架,在这种框架下,首先用显著性图等信息作为边信息对图像进行分块,每一块的内容代表一个相关的语义信息,然后在每一块中用BOW的方式进行图像表示。这种方式比较好地克服了空间金字塔硬划分的缺陷,但是算法对每个划分得到的区域加权方式仍然存在缺陷。Li L J等人[101]提出了object bank的概念,通过这种方式可以对图像的外观和空间关系进行更高级的表示。Fernando B等人[10]提出了一种新的有效的中层特征提取方法用于图像分类,并且提出选择那些有局部或者全局空间性的特征有利于构建更有判别力的直方图表示方法。Liu J等人[102]提出用一些图像的区域作为成分,但是这种成分选择方法不能找到相似的对象区域用于匹配。本章提出了一种新的算法,该算法主要从两个方面受到启发:第一,Chen Q等人[86]提出了一种层次的图像匹配框架,从框架中可以发现,基于图像对应位置的匹配能够更精确地表示图像内容;第二,Khan F S[48]等人提出的CA方法把任意图像假设为所有类别,然后把属于不同类别的图像表示直方图进行连接。这种自顶向下的思想使我们的层次划分成为可能。

5.2　基于成分金字塔匹配的图像分类方法

　　空间金字塔能够给图像表示带来空间信息,但是空间金字塔最大的问题在于图像细胞单元的划分方法。本章提出用一种基于颜色的划分方法来代替细胞单元的硬划分方法进行图像匹配,这种方法叫作成分金字塔(component pyramid matching,CPM)。成分对应着一系列的图像区域,一个区域是由一种或几种颜色组成的,算法通过颜色视觉词来找到一些有判别力的颜色,并且把这些颜色所属的区域当作前景成分。这些成分通常都对应着一定的对象区域,然后通过一种类似层次划分的方式,把每一层的背景成分细分为下一层的前景成分和背景成分,用于最后的图像表示。如图5.1所示,第一行为空间金字塔的匹配方式,第二行为成分金字塔的匹配方式。空间金字塔把图像分成相等的4个细胞单元,在对应的细胞单元里进行匹配。成分金字塔中,每幅图像由三个成分组成,每个成分的内容是绑定框内与绑定框颜色相同的区域。把图中的图像(a)和(b)进行匹配,图①和图②为空间金字塔的匹配结果。当用空间金字塔方式进行匹配时,首先把图像划分成4个大小相同的细胞单元,然后对应细胞单元里的特征再进行匹配。从图5.1所示可以发现,两幅图像没有得到很好的匹配,图①有两朵花,分别在细胞单元1和细胞单元2中,图②的朵花被平均分到了4个细胞单元当中,图①的细胞单元1里面包含了一朵花、花的叶子和背景的树,图②的细胞单元1里面包含了一部分的花和背景的树。不难发现这样的匹配没有针对某个类似的事物进行匹配,匹配效果不好。与此类似,两幅图像细胞单元2至细胞单元4的匹配结果也不好。图③和图④为成分金字塔的匹配结果,成分1中黄色的部分为成分的内容,即花的部分。成分2为花的叶子部分,成分3为背景的树的部分。利用成分金字塔加入的空间信息能够使两幅图像得到更好的匹配结果。

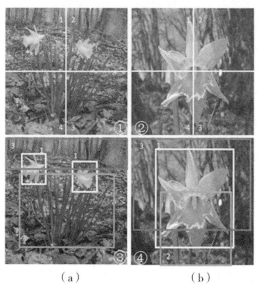

（a）　　　　　　　　　（b）

图5.1　成分金字塔(CPM)与空间金字塔(SPM)划分方法的区别

5.2.1　基于颜色的成分识别

算法尝试把图像划分为前景成分和背景成分两部分,划分前提是假设前景是当前图像类别中有判别力颜色的图像块集合,图像中其他颜色的部分即为背景成分。Khan F S等人[49]提出了用自顶向下的颜色注意力(CA)来找到有可能是对象区域的图像块,但是这种方式不能直接应用到对象颜色估计上,首先,在图像中往往存在多个对象,如图5.1中的花和草等,而假设类内只有一种对象的方法是不合理的。其次,同一类对象往往是由多种颜色组成的,如图5.2所示,Pansy是一种花,这种花是由紫色、白色和黄色组成的;PSV是一个球队,队服的颜色是红色和白色,两类图像的前景对象都是由多种颜色组成的。为了尽可能地使估计到的前景成分包含完整的对象,需要对当前对象的颜色进行估计。通常情况下,那些具有代表性的前景颜色就是有判别力的颜色。每一个类别的颜色直方图可以用来表示不同颜色在这类图像中出现的概率,而有判别力的颜色直方图只保留了颜色直方图中那些有判别力的颜色。第三章的图3.5中解释了颜色直方图和有判别力的颜色直方图之间的区别。Pansy有判别力的颜色是黄色、白色和紫色,所以Pansy的有判别力的颜色直方图中只保留了这三种颜色,其他的颜色忽略不计。

图 5.2　对象颜色的多样性

有判别力颜色的选择是基于BOW框架的。在BOW框架下,在图像 I^i 中提取局部特征 $f_{i,j}, j = 1, \cdots, M^i, i = 1,2 \cdots, N$,其中,N 代表图像的数量,$M^i$ 代表从图像 I^i 中提取的局部特征的数量。视觉词用 $w_n^K, n = 1,2, \cdots, V^K, K \in \{s,c\}$ 表示,s 和 c 分别表示形状和颜色。$V^K, K \in \{s,c\}$ 代表形状视觉词和颜色视觉词的数量。文中用SIFT描述子用来描述局部形状特征,CN 和 HUE 两种描述子用来描述局部的颜色特征。某类的颜色直方图和形状直方图体现出某种颜色和形状在这类当中出现的概率。

利用3.4.2节提出的有判别力的颜色选择算法,可以为每个类别的图像选择有类依赖的有判别力的颜色。

5.2.2　基于颜色的成分金字塔划分

本章提出了一种基于成分的层次划分方法用来进行图像表示。如图5.3所示，从上到下为第一层到第三层，右侧为不同层次所对应的颜色直方图。原图像在第一层。在第二层中，通过有判别力的颜色把图像划分为前景成分和背景成分，在第二层最有判别力的颜色是花朵的颜色，所以把图像分成了前景的成分花朵和背景成分花的叶子、树叶和大树两部分。相对应的在第二层中，由于黄色已经被识别为有判别力的颜色，在本层的背景成分的颜色直方图中，没有了黄色，即黄色的出现概率为0。在第三层把花的叶子认为是第二层背景图像的前景成分，剩余部分的图像为背景成分。在这层中，绿色是有判别力的颜色，用于识别前景成分，所以背景的颜色直方图在第二层的基础上又缺少了绿色。每一层的背景图像在进行划分的时候，都是把当前背景的内容作为本类图像的内容。每一次划分都把当前图像中有判别力的颜色的区域内容当作前景，其他作为背景。

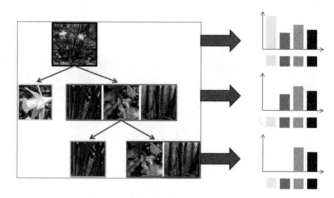

图 5.3　图像的成分层次划分方法

为了得到在不同层次中的判别力的颜色集合，我们采用了类似3.4.2中的方法。在每一个层次当中，首先通过利用公式（3-8）求得所有颜色词与类的互信息，在同类别当中，按照互信息值由大到小对颜色词进行排序，互信息值越大，判别力越强。接下来通过构造目标函数求得每个层次中有判别力颜色的数量。

$$\sum_{i=1}^{k-1}\sum_{j>i}^{k} Sim\left(DH_{i,l,m_i}, DH_{j,l,m_j}\right) - \sum_{i=1}^{k} Sim\left(H_{i,l}, DH_{i,l,m_i}\right) \qquad (5-1)$$

$$s.t.\ 1 \leqslant m_i \leqslant V^c$$

式中，$H_{i,l}$为第i类的图像在第l层的颜色直方图，$DH_{i,m_i,l}$为第i类的图像在第l层的有判别力的颜色直方图,m_i是第i类中有判别力颜色的数量,V_c是颜色字典的维度。由于有判别力的颜色直方图是一个V_c维的向量,m_i是这个向量的0范。$Sim(\cdot,\cdot)$用于衡量两个直方图的相似性,这里采用直方图的交的方法来衡量。

设视觉颜色字典为$W^c = \{w_1^c, w_2^c, \cdots, w_{v^c}^c\}$,其中$w_i^c$为第$i$个颜色词。第$j$类在第$l$层的颜色直方图所代表的向量为$H_{i,l} = \{q_{j,l,1}^c, q_{j,l,2}^c, ..., q_{j,l,V^c}^c\}$,$q_{j,l,i}^c$代表第$j$类中在第$l$层图像中$w_i^c$出现的频率,$1 \leq i \leq V^c$且$1 \leq l \leq L$,$L$为总层数。对于所有的$w_i^c \in S_{l-1}^c$且$l > 1$,$q_{j,l,i}^c = 0$,其中,$S_{l-1}^c$是前$l-1$层的有判别力的颜色集合。

目标函数(5-1)第一项的意义是希望任意两个类别在l层的有判别力的颜色不相同,第二项的目的是希望在每类中颜色直方图和有判别力的颜色直方图尽量相似,使得有判别力的颜色能够保持原有图像颜色特征。这个优化问题可以通过坐标下降法[63]求解。详细的求解过程类似3.4.2节的求解方法。

5.2.3　成分的直方图表示方法

在每一个成分中,用多特征融合的方式来对成分区域进行BOW表示,这里我们用3.2节介绍的晚融合的方式来表示局部特征。对于图像I来说,第l层的图像表示为

$$F\left(w^{s\&c}|I_{l,f}\right) = \left[\alpha F\left(w^{s\&c}|I_{l,f}\right), (1-\alpha) F\left(w^{s\&c}|I_{l,b}\right)\right] \tag{5-2}$$

式中,$F\left(w^{s\&c}|I_{l,f}\right)$和$F\left(w^{s\&c}|I_{l,b}\right)$分别为前景和背景的直方图表示,$\alpha$用于调整前景在图像表示时候的权重。最后把每层图像的直方图表示连接起来作为整幅图像的表示。

与CA算法相似,在最后图像表示的时候,首先假设当前的图像属于所有类,其次在每类中得到一个图像的直方图表示,最后把这些直方图连接起来形成图像表示。最终图像表示的维度是$2klcv(V^s + V^c)$。

5.3　实验

给BOW模型增加空间信息能够提高分类准确率,我们实验的目的是展示CPM在处理对象识别问题的时候能够提供良好的空间信息,提高分类准确率。由于CPM层次划分的基础是颜色,所以实验选在三个颜色特征比较明显的图像库中进行,Soccer图像库、Flower 17图像库和PASCAL VOC 2007图像库。每个实验重复10次用于获取分类的准确率和方差。

5.3.1　分类框架

我们用SIFT描述子构造形状字典,用Color Name(CN)和HUE两种描述子构造颜色字典。对训练集合中的所有特征描述子用K-means聚类,生成形状和颜色字典。采用SVM作为分类器进行分类。

5.3.2　实验参数设置

在Soccer图像集中,视觉形状字典的长度是400,视觉颜色字典的长度是300。在Flower 17图像集和Flower 102图像集中,视觉形状字典的长度是1000,视觉颜色字典的长度是500。对图像进行每隔8个像素的稠密采样,每个图像块的大小是16×16。实验中,用标准的非线性SVM来进行分类,在三个图像集中都采用了交核,β的值通过交叉验证得到。

5.3.3　图像分类结果

Soccer图像集中,图像中对象位置的空间特性不明显。如图5.4所示,从左到右为AC Milan,Barcelona,Chelsea,Madrid,Liverpool和Juventus。注意,对象在图像中的位置是不固定的。

图 5.4　Soccer图像库

AC Milan的图像当中有多个球员,他们分布的位置几乎在整个图像当中,Barcelona类中,Barcelona的球员在左边,Chealsea类别中,Chelsea的球员在右边,Madrid类中,Madrid的球员在上面。Liverpool类中,球员处于左中右的位置。Juventus类中球员在图像左边。表5.1列出了CPM与一些优秀算法在Soccer上的结果比较。其中早融合算法的字典维度为1200,晚融合算法形状和颜色字典的维度分别为400和300。早融合和晚融合是对全局图像的表示,所以在这里我们认为它们的层次表示只有1层。晚融合的分类效果要优于早融合,这是因为晚融合是把图像的形状直方图和颜色直方图加权连接起来,颜色在这个图像库中占有更重要的作用,给颜色赋予更大的权重能够更好地体现出两种特征的关系,早融合方法把局部的颜色和形状特征加权连接,这种方式对于Soccer图像库的图像表示效果不好,因为对于某些在广告、队标上面的图像块来说,形状信息与颜色信息同样重要或者更为重要。

当我们把早融合和晚融合算法应用于3层空间金字塔的时候,可以发现,由于融入了空间信息,算法精度有了明显的提高。但是,由于对象位置的不固定,空间金字塔不能进行准确的匹配,所以分类效果仍然低于CPM。CA和LRFF算法与提出的算法相似,都是只融合了颜色特征和形状特征进行分类,其中CA融入了一些空间信息,给可能是对象的图像块加入了大权值,但是频繁出现的背景也被赋予了大权值。LRFF只是通过逻辑回归对视觉词进行了加权,并没有融入空间信息。当采用3层成分金字塔的时候可以发现,CMP算法要优于这些算法。

表 5.1　在Soccer图像集上的实验结果

算法	层次	分类准确率
早融合	1	88.8±0.8
晚融合	1	89.6±1.0
早融合+SPM	3	90.2±0.3
晚融合+SPM	3	91.2±0.4
CA[49]	—	93.8±0.5
LRFF[52]	—	94.0±1.1
CPM	3	95.3±0.3

Flower 17图像库中,花朵位置的空间特性不明显。如图5.5所示,Daffodil(水仙花)和Daisy(雏菊)中的花朵分别处于图像的左上和右下方,Lily Valley(百合花)的花朵处于图像的左下和右上方,Crocus(藏红花)的花朵则充满了整张图片。花朵位置的不固定导致用空间金字塔的方法不能很好匹配图像。表5.2所列显示了CPM与一些优秀算法的结果比较。由于Flower 17图像库比较大,为了获得更好的分类效果,实验中早融合的字典维度是2000,晚融合的形状和颜色字典维度是1200和300。在Flower 17图像库中,颜色和形状都很重要,通过交叉验证得到的早融合和晚融合的权重,发现形状和颜色的权重非常相似,所以早融合和晚融合方法的分类精度与Flower 102图像库(图5.6)相似,当加入空间金字塔之后,两种方法的分类精度都有所提高。CA和LRFF与CPM应用了同样的描述子SIFT+CN+HUE,CPM不但融合了多种特征,而且同样的描述子SIFT+CN+HUE,CPM不但融合了多种特征,而且加入了空间信息,所以分类结果仍然优于CA,但是结果与LRFF相似。MKL[43]用了三种特征,KMTJSRC-CG[29]除了颜色和形状信息还用到的HOG,lp MK-FDA[65]中利用了7种不同特征的距离。与这些方法形成对比的是,CPM只利用了颜色和形状两种特征就已经获得了优秀的结果。

图5.5　Flower 17图像库

图5.5中第一行从左到右为Daffodil(黄水仙)、Snowdrop(雪花莲)、Lily Valley
(铃兰)、Bluebell(蓝铃草)和Crocus(红番花),第二行从左到右为Fritillary(贝母)、
Cowslip(樱草)、Daisy(雏菊)、Pansy(三色堇)和Dandelion(蒲公英)。

表 5.2　在Flower 17图像集上的实验结果

算法	层次	分类准确率
早融合	1	84.9±0.4
晚融合	1	89.0±0.4
早融合+SPM	3	85.2±0.5
晚融合+SPM	3	85.1±0.3
MKL (SILP)[43]	—	85.2±1.5
KMTJSRC-CG[29]	—	88.9±2.9
lpMK-FDA[37]	—	86.7±1.2
CA[49]	—	88.8±0.5
LRFF[52]	—	91.0±1.1
CPM	3	91.0±0.5

图 5.6　Flower 102图像库

图5.6中第一行从左到右为Passion Flower(西番莲)、Water Lily(睡莲)、Cy -
clamen(仙客来)、Watercress(水田芥)和Frangipani(鸡蛋花树),第二行从左到右
为Wallflower(桂竹香)、Petunia(矮牵牛)、Petunia hybrida (碧冬茄)、Poinsettia(一

品红)和 Geranium(天竺葵)。

Flower 102 图像库中的训练集、验证集和测试集是提前给定的,并且此图像集同样没有明显空间信息,每幅图像中花朵所在的位置不确定,如图 5.6 所示。图像库中花朵的主要颜色比较相似,如红、黄和紫等,所以在图像表示的过程中,形状比颜色的作用更加明显。

从表 5.3 中所列可以看到,在把 3 层空间金字塔加入早融合和晚融合之后,分类准确率分别提高了将近 0.2%,而 CPM 的精度达到了 72.1%,CA 算法通过构建注意力图来找到对象区域,也提供了空间信息,但是由于其不能猜测出对象具体位置的缺点,在此图像集中的结果甚至低于晚融合的空间金字塔表示。显著性图是常见的对象区域选择方法,Kanan C 等人的论文"Robust classification of ob-jects, faces, and flowers using natural image statistics"尝试通过显著性图的方式加入空间信息,但是分类效果仍然低于 CPM。通常情况下,引入图像分割的方法会使算法的精度提高,但是 CPM 在只应用两种描述子并且没有用图像分割方法的前提下也得到了比较好的分类精度。

表 5.3　在 Flower 102 图像库上的实验结果

算法	层次	分类准确率
早融合	1	70.5
晚融合	1	70.7
早融合+SPM	3	70.7
晚融合+SPM	3	70.9
CA[49]	—	70.8
Saliency[94]	—	71.0
CPM	3	72.1

5.4　本章小结

本章提出了一种成分金字塔(CPM)的图像表示方式,与传统的空间金字塔的硬划分相比,CPM 在每一层通过对图像中有判别力颜色的判断,把图像分成前景成分和背景成分两部分,然后对背景成分继续划分,这种方式在每层中把几种颜色组成的区域当作前景对象成分进行匹配,能够提供更好的空间信息。通过算法实验比对,CPM 图像表示方法在三个图像库上都能取得比较好的分类效果。但目前的方法只融入了颜色和形状特征,在以后的工作中会尝试融入更多的特征,用以更好地判断对象区域。此外,由于提出的有判别力的颜色识别方法能够比较准确地估计对象颜色继而判断对象区域,在以后的工作中,会对此方法进一步改进,使其能够应用到视频跟踪分析当中。

第六章 基于中间层特征层次挖掘的多特征图像分类方法

基于中间层特征挖掘的图像表示方式能够发现不同视觉词之间的关系,利用挖掘得到的模式集来代替原有的视觉词进行图像表示可以提高图像表示的判别力。目前大部分针对中间层特征的挖掘算法都是针对图像上的所有图像块进行的,并没有考虑可以在局部进行挖掘。

本章中提出了一种有效的中间层特征层次挖掘方法,这种方法把有判别力的颜色特征作为划分层次的标准,每一个层次对应着对象的一定区域,然后,对每一层的特征进行挖掘,最后用挖掘到的模式进行图像表示并用于图像分类。实验结果表明,我们的方法能够在 Soccer,Flower 17 和 Flower 102 上取得良好的分类效果。

本章主要内容安排:6.1 节简要介绍特征挖掘的基本知识;6.2 节首先用有判别力的颜色对图像进行层次划分,然后在不同层次对图像特征进行挖掘,最后用挖掘到的层次特征进行图像表示;6.3 节用实验来证明我们的算法在标准图像库上的有效性;6.4 节为本章的总结。

6.1　背景知识介绍

BOW 的图像表示方法没有考虑特征之间的关系。近些年,模式挖掘算法被应用于发现特征之间的关系,这些方法能够发现在不同类别中那些有意义的模式,用这些模式代替视觉词成生图像表示在图像分类领域取得了良好的效果。

虽然频繁项集挖掘技术和它的变种在数据挖掘领域早就得到了广泛的应用,但是至今为止还很少被应用到图像分类领域。数据挖掘方法能够构造出更高层次的特征集,很多情况下,这个特征集能够获得更有判别力的信息。No - wozin S 等人[109]提出了一套可解释的有高准确率的分类规则,算法合并了项集挖掘和极大 margin 分类器来从视觉词当中选择特征。Yuan J 等人[110]提出了一种数据挖掘驱动的方法用于从给定的可能的特征池中发现组合特征。Gilbert A 等人[111]用层次的过程把特征距离合并在一起用以生成过完备混合特征集,然后用数据挖掘的方法发现其中频繁出现的模式,再用这些模式来进行动作识别。Lee A J 等人[112]用一种叫作9DSPA-Miner的方法来从图像库中挖掘频繁模式。Quack T 等人[113]提出了一种方法用于发现频繁出现的有局部特征的空间构造,但是发现的空间构造并没有被应用于图像分类。在论文"Grouplet: A structured image rep-resentation for recognizing human and object interactions"中,Yao B 等人提出了一种有结构性的图像表示方法叫作group-lets,通过频繁类关联规则来发现那些有判别力的group-lets。Yuan J 等人[115]提出了一种新的数据挖掘方法用于发现那些最优的共现的模式,并把这些模式应用于boosting算法,提高了图像分类的准确率。

　　基于中间层特征挖掘的图像表示方法近些年来也得到了广泛的研究。Singh S 等人[116]提出了一种通过无监督的方式用于发现有判别力图像块的方法,并且提出这些图像块应该是经常一起出现的,其本质也是找到频繁出现的模式。Fernando B 等人[117]把局部直方图当作是一个交易(transaction),通过挖掘这些局部直方图找到频繁局部直方图的模式,最终用选择的模式进行图像表示。Voravuthikunchai W 等人[118]通过对直方图的随机映射来产生交易,通过对这些交易进行挖掘来得到模式进而用于直方图表示。除此以外,深度神经网络也被用于图像的中间层特征挖掘,Li Y 等人[119]提出把卷积神经网络(convolutional neu-ral network,CNN)提取出的图像块特征当作交易,通过关联规则挖掘进行模式发现用于图像表示。但是这种方式所构造的交易难于解释。然而,这些基于中间层特征挖掘的方式都是把图像中所有交易进行全局的挖掘,这种方法有利于找到全局范围内频繁出现的模式,但是局部频繁出现的特征有可能被忽略。

6.2　层次挖掘的图像表示

　　空间金字塔[25]的本质是希望在相对应的空间内出现相应的特征,它也可以认为是把图像按照层次进行划分。在第五章中介绍了空间金字塔不能准确匹配对象的问题。在第五章中提出的CPM方法能够把对象按照层次进行划分,这种方式在某种程度上也提供了一种弱语义信息,即把每一层当作对象的一部分。在每个层次用局部挖掘的方法发现频繁模式能够为图像表示提供空间信息和特征间的关联性。

　　本章提出的中间层特征层次挖掘方法更有利于挖掘出对象的模式,因为一个层次对应着对象的一部分,挖掘这些部分的语义信息有利于描述这些区域。如图6.1所示,首先通过颜色把图像进行分层,在每一层,把图像的所有图像块分为前景图像块(f)和背景图像块(b),然后在下一层把上一层前景图像块再细分为前景和背景图像块。如图6.1所示,从上到下分别为1到3层。第1层为原图像,在第2层通过对颜色的选择把图像块分为f2和b2两部分,第3层把f2中的图像块再细分为f3和b3。每一层通过有判别力的颜色选择进行图像块的划分。最后把每一个单独图像块集合当作一个子类进行模式挖掘,并用这些挖掘得到的模式进行图像表示,用于图像分类。通过图6.1可以发现,层次划分方法的本质是把图像块分成若干个弱语义信息的集合,图像在第2层被分为花朵图像块集合和叶子图像块集合两部分,在第2层花朵图像块集又被分为花瓣和花蕊图像块。随着层次的加深,图像块的集合越来越倾向于出现在某个对象或者对象的某些部分上。在每层通过挖掘的方法来获取频繁出现的模式,这些模式能够更加准确地表示层次的特征信息,同时,对象识别的重点在于表示对象上的信息,但是背景上同样能够提供弱的上下文信息。所以在模式挖掘和图像表示的过程中,同样保留了背景信息。

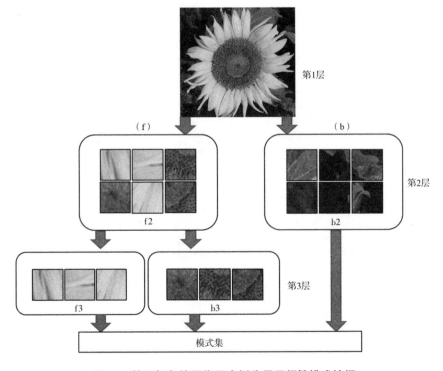

图6.1 基于颜色的图像层次划分用于频繁模式挖掘

6.2.1　前景颜色选择方法

在 BOW 框架下,首先通过采样得到图像块,然后通过颜色描述子描述图像块内部每一个像素的颜色,最终,图像块的颜色为该图像块内像素颜色描述子的平均值。对所有的训练集图像块颜色进行聚类,生成颜色字典 $W^c = \{w_1^c, w_2^c, \cdots, w_{V^c}^c\}$, V^c 是颜色字典的维度。对于任意图像,把每个图像块的颜色特征分配给最近的颜色词,最终的图像颜色被表示为颜色直方图,即各种颜色在图像中出现的概率分布。

现实中对象的颜色是多种多样的,而那些具有代表性的颜色被认为是有判别力的颜色,前景颜色即为这些有判别力颜色的合集。为了能够提取出这些有判别力的颜色,在 3.4.2 节中,提出了有判别力的颜色直方图的概念。有判别力的颜色直方图是在颜色直方图的基础上构造的,通过类间的对比,发现不同类别图像的有判别力颜色,在有判别力颜色直方图中只有有判别力的颜色的出现频率,其他颜色的出现频率为 0。如图 6.2 所示,Liverpool 类的队服有判别力的颜色是红色,而相对应的 Juventus 类的队服有判别力的颜色是黑色和白色。所以在这两类的有判别力的颜色直方图中只保留了这些有判别力的颜色。为了获得每类中有判别力的颜色,算法首先用 TF-IDF 的方式来衡量颜色词在每类中的重要程度:

$$tf_{i,j} = \frac{n_{i,j}}{\sum_k n_{k,j}} \tag{6-1}$$

式中,$f_{i,j}$ 指的是某一个颜色词 $w_{c,i}$ 在类 j 中出现的频,$n_{i,j}$ 代表 $w_{c,i}$ 在类 j 中出现的次数。

$$idf_i = \log \frac{|I|}{\left|\{j : w_i^c \in I_j\}\right|} \tag{6-2}$$

式中,idf_i 用于衡量 w_i^c 的普遍重要性程度,可以由图像的总数目 $|I|$ 除以包含 $f(I)$ 的图像数目,再将得到的商取对数得到。最后用 $idf_i \times tf_{i,j}$ 来衡量颜色词 w_i^c 在 j 中的重要程。如果某一颜色词 w_i^c 在类 j 中的出现频率高,且该词语在整个图像集合中不经常出现,则 w_i^c 对于类 j 来说越重要。

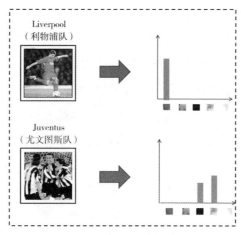

图 6.2　有判别力的颜色直方图

本算法认为,有判别力的颜色选择标准是在任一类 i 中选择与对于这类最重要的前 m_i 种颜色作为有判别力的颜色。需要注意的是有判别力颜色的数目在每一类当中可能不一样。为了选择出对于任一类 i 最重要的 m_i 种颜色,采用了与3.4.2节相同的优化算法。最后,m_i 可以通过坐标下降法求解得到。

6.2.2　基于颜色的层次划分方法

由于加入了层次,任一类 i 在第 l 层的颜色直方图表示为 $H_{i,j}$,相应的有判别力的颜色直方图表示为 DH_{i,l,m_i}。在训练集中,对于第 i 类图像,在图像的第 l 层采样得到的所有图像块,通过颜色统计得到颜色直方图 $H_{i,l}$,然后通过解公式(5–1)的目标函数获得有判别力的颜色直方图。根据颜色直方图中有判别力的颜色,算法把所有的图像块分为了两部分,即有判别力颜色的图像块集合(前景)集合和剩余的图像块集合,这两个集合当中的图像块组成的颜色直方图分别为 b_i 和 b_j。在第2层中把 i 当作本层的颜色直方图 j,继续通过优化得到 b_{ik},然后按照其中的颜色把第2层前景图像块分成第3层的前景和背景。以此类推,一直划分到预定的层数之后停止划分。

6.2.3　层次特征挖掘

在得到每类图像的层次划分之后,把相同类别的图像在相同层次的前景/背景图像块集合认为是一个子类 sc,并且用于发现这些子类的模式,假设训练集中有 N 幅图像,属于 k 个类,每类图像被分为了 L 层,$L>1$,则训练集中子类的总数为 $SC=kL$,每幅图像的图像块被划分到 L 个图像块集。图像 i 被划分后的图像

块集合为 $PI_i = \{pi_{i,1}, pi_{i,2}, \cdots, pi_{i,L}\}$。相应地,训练集划分得到的图像块集的集合为 $PI = \{PI, PI, \cdots, PI_N\}$。

为了挖掘特征之间的关系,需要生成一个全局的字典 $W = \{w_1, w_2, \cdots, w_V\}$, V 是字典的维度。与 BOW 类似,要对训练集中所有的图像块进行聚类,并且把每一个图像块分配给相应的视觉词。需要注意的是,这里的图像块特征可以只考虑某种特征,也可以考虑多特征并用每个图像块和其 8 个邻域构造一个局部直方图(图 6.3)。一个局部直方图体现的是以一个图像块为中心,包括其 8 个邻域在内的,出现属于不同特征的次数。相同类别图像的相同层次的局部直方图有相同的子类号。

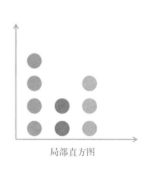

局部直方图

图 6.3　局部直方图

为了便于频繁项集挖掘,首先定义项(item)和交易(transaction)。item 是由视觉词和出现次数所形成的一个对,(w_i, s_i),$w_i \in W$,其中 s_i 代表 w_i 出现的次数。一个交易 x 包含了一个局部直方图当中所有的项,用 $item(w_i, s_i)$ 表示。一个局部直方图模式是一个项集 $t \in \Gamma$,其中 Γ 表示所有的项的集合。对于任意局部直方图模式 t,定义 $X(t) = \{x \in X | t \subseteq x\}$ 为所有包含模式 t 的交易的集合。t 的频度 $|X(t)|$ 叫作模式的支持(support),用 $supp(t)$ 来表示。对于给定的常量 T,一个局部直方图模式 t 如果 $supp(t) \geq T$,且没有其他的模式 t' 使得 $t \subset t'$,则这个模式 t 就是闭合的。我们认为一个频繁的并且闭合的局部直方图是一个频繁局部直方图(frequent local jistogram, FLH)。Υ 代表 FLH 的集合。

为了找到那些有效的模式，我们采用了类似论文"Mining Mid-level Features for Image Classification"中的方法进行挖掘。为了挖掘出每一个层次的频繁项集，必须选择一种合适的挖掘方法，由于LCM[106]算法速度快，算法采用LCM来挖掘频繁项集。但是产生的频繁项集往往数量庞大，需要用论文"Discriminative frequent pattern analysis for effective classification"中的方式来衡量挖掘到的模式的重要性。

我们希望通过FLH集合r来表示图像。为了达到这个目的，我们需要选择最有用的FLH模式。任一模式t的重要性$S(t)$由模式的判别性$D(t)$和表示性$O(t)$来决定，定义为

$$S(t) = D(t) \cdot O(t) \tag{6-3}$$

如果一个模式t的重要性越高，它就有可能是有判别力的，并且会在很多图像中重复出现，所以这个模式有利于分类。算法采用Cheng等人[108]提出的基于熵的方法来计算区分性$D(t)$，算法为

$$D(t) = 1 + \frac{\sum_{sc} p(sc|t) \cdot \log p(sc|t)}{\log SC} \tag{6-4}$$

式中，$p(sc|t)$的计算方法为

$$p(sc|t) = \frac{\sum_{i=1}^{N} \sum_{j} F(t|pi_{i,j}) \cdot p(sc|pi_{i,j})}{\sum_{i=1}^{N} \sum_{j} F(t|pi_{i,j})} \tag{6-5}$$

当$pi_{i,j}$的类别是sc的时候，$p(sc|pi_{i,j}) = 1$，否则$p(sc|pi_{i,j}) = 0$。$D(t)$越高，证明这种模式越有可能只在某子类中出现。公式(6-4)中的$\log SC$用于保证$0 \leqslant D(t) \leqslant 1$。接下来计算表示性$O(t)$，算法通过比对一个模式在某类中的分布与最优分布的距离来衡量此模式的表示性。一个相对于某子类SC来说的最优模式表示为t_{sc}^*，最优分布有两个特点：(1)这些模式只出现在这个子类当中即$p(sc|t_{sc}^*) = 1$；(2)这些模式平均分布在这个子类的所有图像中，即对于$\forall pi_{i,sc}, pi_{j,sc}$，$p(pi_{i,sc}|t_{sc}^*) = p(pi_{j,sc}|t_{sc}^*) = (1/N_{sc})$。

$O(t)$的计算方式为

$$O(t) = \max_{sc} \left(\exp \left\{ -\left[D_{KL} \left(p(p_i|t_{sc}^*) \| p(pi|t) \right) \right] \right\} \right) \tag{6-6}$$

式中，$D_{KL}(\cdot \| \cdot)$用于计算两组分布的KL距离。$O(t)$通过计算任一模式在所有pi上的分布与最优分布的KL距离来衡量当前模式的表示性。$p(pi|t)$的计算方式为

$$p\left(pi|t\right) = \frac{F\left(t|pi\right)}{\sum_{i=1}^{N}\sum_{j}F\left(t|pi_{i,j}\right)} \tag{6-7}$$

除此之外,还需要去掉冗余的模式,我们采用了论文"Summarizing itemset patterns: a profile-based approach"中提出的方法。如果两个模式 t 和 $s \in \tau$ 是冗余的,则 $p\left(pi|t\right) \approx p\left(pi|s\right) \approx p\left(pi|\{t,s\}\right)$,其中,$p\left(pi|\{t,s\}\right)$ 的计算方法为

$$p\left(pi|\{t,s\}\right) = \frac{F\left(t|pi\right)}{\sum_{i=1}^{N}\sum_{j}F\left(t|pi_{i,j}\right) + F\left(s|pi_{i,j}\right)} \tag{6-8}$$

两个模式 t 和 s 的冗余度 $R(s,t)$ 计算方法为

$$R\left(s,t\right) = \left\{-\left[p\left(t\right) \cdot D_{KL}\left(p\left(pi|t\right)\|p\left(pi|\{t,s\}\right)\right) + p\left(s\right) \cdot D_{KL}\left(p\left(pi|s\right)\|p\left(pi|\{t,s\}\right)\right)\right]\right\} \tag{6-9}$$

式中,$p(t)$ 代表模式 t 的概率,计算方法为

$$p\left(t\right) = \frac{\sum_{i=1}^{N}\sum_{j}F\left(t|pi_{i,j}\right)}{\sum_{t_k \in \tau}\sum_{i=1}^{N}\sum_{j}F\left(t_k|pi_{i,j}\right)} \tag{6-10}$$

公式(6-9)中,$0 \leqslant R(s,t) \leqslant 1$ 并且 $R(s,t) = R(t,s)$。对于那些冗余的模式 $D_{KL}\left(p\left(pi|t\right)\|p\left(pi|t,s\right)\right) \approx D_{KL}\left(p\left(pi|s\right)\|p\left(pi|t,s\right)\right) \approx 0$,且越接近这种情况,$R(s,t)$ 的值就会越大。为了找到最合适的模式用于分类,我们需要找到最合适的模式集 χ,$\chi \subset Y$。为了找到这个模式集,我们定义模式 t 的增益为 $G(t)$,$t < \chi$ 并且 $t \in \tau$。

$$G\left(t\right) = S\left(t\right) - \max_{s \in \chi}\left\{R\left(s,t\right) \cdot \min\left(S\left(t\right),S\left(s\right)\right)\right\} \tag{6-11}$$

公式(6-11)中,如果模式 t 有一个高信息增益 $G(t)$,这个模式首先要有高的重要性 $S(t)$,其次模式 t 还必须与任意其他模式 s 不冗余。为了找到最好的 q 个模式,我们首先添加一个最重要的模式到模式集,然后选择一个有最大增益的模式添加到模式集 χ 中,通过这种方式不断添加,直到找到 q 个模式。

6.2.4 图像表示

通过选择得到了模式集之后,为了得到任意一幅图像的层次划分,与"Top-down color attention for object recognition"一文中的方法类似,首先假定一幅图像属于任意一类,然后根据之前得到的有判别力的颜色进行层次划分,统计每一层中的所有局部直方图当中出现各种模式的频率,最终在各个不同的层次形成基于模式集的直方图表示,把这些直方图连接在一起形成当前图像在属于某类情况下的直方图。当把对象认为是所有类的时候,能够根据每一类构造这样一个直方图,

把这些直方图连接起来形成最终的图像表示。最终图像表示的维度为kqL。

6.2.5 用于分类的核函数

令K和M为任意两幅图像,用于计算两幅图像相似度的核函数为

$$K(Z,M) = \sum_i \min\left(\sqrt{Z(i)}, \sqrt{M(i)}\right) \tag{6-12}$$

由于这种核函数降低了出现频率高的特征的重要性,在我们提出的方法中取得良好的效果。

6.3 实验

实验的目的是展示我们提出的中间层特征层次挖掘的图像分类方法能够发现局部特征之间的关系,并提高分类准确率。实验在三个图像库中进行,Soccer图像库、Flower 17图像库和Flower 102图像库。

6.3.1 实验设计

实验中我们每隔8个像素进行采样,每个图像块的大小是16×16。为了得到准确的颜色层次划分,与许多之前的算法相似,文中采用CN和HUE两种颜色描述子用于描述图像块颜色,在基于颜色的层次划分阶段,把CN和HUE描述子连接起来形成一个长向量来描述图像块颜色,通过聚类生成颜色字典。在层次直方图挖掘阶段,把形状描述子SIFT与颜色描述子CN和HUE描述子连接起来作为图像块的特征,通过聚类生成特征字典。在Soccer图像集中,颜色字典的长度是300,形状字典的长度是500。在Flower 17图像集和Flower 102图像集中,颜色字典的长度是500,形状字典的长度是1200,实验中,所有的图像分为4层,模式的数量为700,用标准的非线性SVM来进行分类,核函数为6.2.5小节所提出的函数。

6.3.2 图像分类结果

6.3.2.1 在Soccer图像库上的结果

颜色层次划分方法有利于划分出Soccer图像集中的前景和背景,如图5.4所示,Soccer图像集中的对象(球员)有着比较明显的颜色特征。表6.1所列显示了我们的算法与一些优秀算法的分类结果比较。从表6.1中可以发现,在Soccer图像库中,晚融合的分类效果要优于早融合,这是因为晚融合是把图像的形状直方图和颜色直方图加权连接起来,颜色在这个图像集中起到了更重要的作用,所以这种给全局形状和颜色特征加权的方式能够更好地体现出两者之间的关系,早

融合方法把局部的颜色和形状特征加权连接,这种方式不能体现出局部颜色和形状特征的关系。

表 6.1　在 Soccer 图像集上的实验结果

算法	分类准确率
早融合[49]	88.8±0.8
晚融合[49]	89.6±1.0
早融合+SPM	90.2±0.3
晚融合+SPM	91.2±0.4
CA[49]	93.8±0.5
CPM	95.3±0.3
层次挖掘	96.5±0.8

层次挖掘方法通过颜色对图像进行了分层,其本质是把图像分成不同的区域,可以认为是提供了空间信息,最典型的提供空间信息的方式是空间金字塔,结合空间金字塔与特征融合的图像表示方式首先使用三层空间金字塔对图像进行划分,然后在每个细胞单元中用早融合和晚融合生成直方图。通过实验比对可以发现,由于引入了空间金字塔,分类准确率比之前有所提高。但是,这种加入空间信息的方法与文中提出的层次挖掘方法相比,首先层次的划分方法采用空间金字塔硬划分的方法,这种方法不能保证划分得到的区域对应着相同的图像部分,其次,早融合和晚融合没有考虑到视觉词之间的关系,层次挖掘的方法在准确划分层次的基础上通过挖掘频繁项集找到了视觉词之间的关系,生成了更好的字典。

CA 方法把颜色作为形状的权重,同时,与层次挖掘方法相似,都是假定图像属于所有类,并且针对每类生成一个直方图,最终连接这些直方图作为图像表示。这种方法也可以认为是一种层次划分方法,它把相同颜色的图像块赋予了相同的权值,但是同样由于没有考虑到视觉词之间的关系,最终的算法精度仍然低于层次挖掘方法。与我们在第五章中提到的 CPM 算法相比,层次挖掘能够找到球员身上不同区域内频繁出现的模式并用于图像表示,所以最终的分类结果高于 CPM。

6.3.2.2　在 Flower 17 图像库上的结果

在 Flower 17 图像库中,图像中花朵位置的空间特性不明显(第五章图 5.5),表 6.2 所列显示了层次挖掘方法与一些优秀算法的平均分类精度的比较。在基于中间层的图像表示方法中,MKL[43]只考虑了多种特征之间的关系,LRFF[52]通过给不同码字加权提高了分类准确率,CA用颜色给图像块上的形状特征加权,但是并没有考虑视觉词之间的关系,层次挖掘算法与这些方法都只用到了颜色和形状描述子,层次挖掘算法的分类准确率比这些算法有了很大的提高。HoPS[118]方法采用了随机映射和数据挖掘的方法进行图像表示,从表6.2中可以发现,我们的算法的分类准确率与此算法相当,但是均值要高于HoPS。HoPS只是把全局的直方图进行随机映射,然后挖掘模式,没有体现特征之间的空间层次关系。而层次挖掘方法更有利于体现对应特征的模式。

表 6.2　在 Flower 17 图像集上的实验结果

算法	分类准确率
早融合	84.9±0.4
晚融合	89.0±0.4
早融合+SPM	85.2±0.5
晚融合+SPM	85.1±0.3
MKL（SILP）[43]	85.2±1.5
KMTJSRC-CG[29]	88.9±2.9
lpMK-FDA[65]	86.7±1.2
CA[49]	88.8±0.5
LRFF[52]	91.0±1.1
CPM	91.0±0.5
HoPs[118]	93.8±1.4
层次挖掘	94.5±0.9

6.3.2.3　在 Flower 102 图像库上的结果

Flower 102 图像库中的训练集、测试集和验证集是提前给定的,并且此图像集没有明显空间信息,每幅图像中花朵所在的位置不确定,如第五章图5.6所示。早融合晚融合结合空间金字塔的方法同样不能够对图像进行准确分层,对象颜色的多样性以及背景颜色的单一性能够确保颜色层次划分得到良好的效果。表6.3所列为不同算法分类性能的比较,Saliency[94]和CA[49]能够找到大概的对象区域,但是层次挖掘的方法既能够通过颜色找到对象区域用于空间划分,与CPM相比又能够挖掘出不同层次中潜在模式,所以分类精度比起这些方法提高了2%左右。

6.4　本章小结

本章提出了一种基于颜色层次划分的图像挖掘表示方法,这种方法首先通过优化的层次颜色选择方式把图像中的图像块按照颜色进行层次划分,为图像表示提供空间信息,并且把不同层的图像块归为不同的子类,通过对这些子类中的特征进行模式挖掘发现那些频繁出现的有意义的模式,最终用这些模式代替原来的视觉词进行图像表示。通过算法实验比对,层次挖掘图像表示方法在三个图像集上都能取得比较好的分类效果。但目前的方法只限于挖掘不同视觉词之间的关系,在今后的研究中会继续考虑挖掘不同图像块之间的关系用于图像表示。

表 6.3 在 Flower 102 图像集上的实验结果

算法	分类准确率
早融合	70.5
晚融合	70.7
早融合+SPM	70.7
晚融合+SPM	70.9
CA[49]	70.8
Saliency[94]	71.0
CPM	72.1
层次挖掘	73.5

第七章　基于多图像匹配的对象识别方法

设计精准的图像匹配方法对于图像表示至关重要重要。为此,本章提出了一种基于图(graph)的图像表示方式。我们为每一幅图像构造一个图表示,其中每一个节点代表一个图像块,每一个节点与其近邻的节点相连用于生成图。首先,通过对相同类别图像的图的匹配生成有类依赖的匹配集图,其中提出的多图像匹配(multi-image matching, MIM)算法采用了一种种子–膨胀的策略。接下来用得到的匹配集图来匹配所有的图像用于找到对象上的图像块。最终,这些图像块的特征被用于图像表示。大量的实验表明,我们提出的方法能够在很多图像库中取得不错的分类效果。

本章主要内容安排:首先在7.1节简要介绍了多图像匹配的基本识;然后在7.2节根据多图像匹配的方法找到对象区域进行图像表示;7.3节的实验用于证明匹配的准确性与最欢生成的图像表示的有效性;7.4节为本章的总结。

7.1 背景知识介绍

基于图像块的图像表示方式是一种非常流行的图像表示方式。为了得到更有判别力的图像表示,经常用到的方法有特征加权、图像分割、注意力图等。利用图的知识也能够有效地发现图像区域,继而用于对象表示。

基于图的图像表示方式能够有效地获取图像的结构信息。但是,只在很少的文献中提及了用多图像匹配的方法来解决对象识别和图像表示的问题。在论文"Object-graphs for context-aware visual category discovery"中,Lee Y 等人提出了一种新颖的对象–图描述子,算法首先发现不熟悉区域的对象级共现模式,然后对这些模式进行编码。但是,这种方法的局部特征是从图像的分割中得到的,而不是图像块。Hu S M 等人[127]提出了 PatchNet,这是一种压缩的层次图像表示方法,能够用于描述图像区域的结构和外观特征。这种方法被成功地应用于图像编辑领域。但是这种方法不能用于发现对象上的图像块,并且不能应用于BOW框架。

除此以外,多图匹配的方法已在生物信息领域得到了广泛应用。对PPI网络在全局进行对齐在比较生物网络学习中是一个核心问题。Sing R等人[128]提出了一种IsoRank算法用于全局对齐多PPI网络,这种方法用Google的PageRank算法,通过求解特征值来解决蛋白质匹配问题。Alkan F等人[129]提出了一种多对多的生物网络对齐方式用于发现不同生物种类之间的进化关系。Shih Y K等人[130]采用了一种种子–膨胀的启发式方式来提取多PPI网络的直系同源体。

我们的工作很大程度上受到了Shih Y K等人的文章"Scalable global alignment for multiple biological networks"的启发。本章提出了一种种子–膨胀策略用于图像匹配,那些能够匹配匹配集的图像块最终被认为是对象上的图像块。

从图中可以发现,不同图像中相同对象上的图像块能够被匹配,而背景上的图像块不能得到匹配。

7.2　多图像匹配

为了找到对象上的图像块,我们为每一幅图像构造一个图表示,其中每一个节点代表一个图像块,每一个节点与其近邻的节点相连用于生成图,从同样对象区域上提取出来的图像块可以相互匹配,这样,多图匹配(MIM)方法就能有效地判断对象上的图像块。如图7.1所示,我们通过匹配同种类的图像来找到对象区域。首先,为每类找到有判别力的颜色。其次,那些有相同判别力颜色且特征相似的图像块对被认为是种子。最后,种子通过膨胀和合并的方式得到匹配集。这些匹配集中的图像块就是对象上的图像块。

图 7.1　多图像匹配

假设有K幅图像,这些图像用K个图来表示$\left\{IG_1, IG_2, \cdots, IG_K\right\}$。每幅图像都可以表示为一个无权重且无方向的图$IG_i = \left(V_i, E_i\right)$,其中$V_i = \left\{v_1, v_2, \cdots, v_{|V_i|}\right\}$代表图

像块的集合,边用于连接每个图像块和它的 M 个近邻,$(v_x, v_y) \in E_i$ 表示一条连接 v_x 和 v_y 的连边。使 $V = U_{i=1}^{K} V_i$ 并且 $E = U_{i=1}^{K} E_i$。最后产生的匹配集用 $S = \{s_1, s_2, \cdots, s_{|\hat{S}|}\}$ 来表示。每个匹配集是一个图像块的子集,并且当且仅当 $x \neq y$ 时,$s_x \cap s_y = \varnothing$,其中 $x = 1, 2, \cdots, |\hat{S}|$ 并且 $y = 1, 2, \cdots, |\hat{S}|$。属于同一匹配集的图像块互相匹配,换句话说,它们表示图像中同样的部分。需要说明的是,每一个匹配集中的图像块数量是不一定的。算法中的符号见表7.1 所列。

表7.1 算法中的符号

$v.mat$	图像块是否被匹配,初始值为 $false$
$N(v)$	$\{[v'v'] 是v的邻居且 [v'.mat = false]\}$
$I(v)$	图像块 v 所属的图像
$S(v)$	包含图像块 v 的匹配集
$I(S(v))$	至少包含 $S(v)$ 中一个图像块的图像

7.2.1 有判别力的颜色选择

7.2.1.1 改进的互信息计算方法

我们发现,对象上的颜色是很有判别力的。为了给每类找到有判别力的颜色,我们采用颜色与类别的互信息来衡量两者之间的依赖性,公式为

$$MI_{i,j} = MI\left(w_i^{col}, C_j\right) = \log \frac{p\left(w_i^{col}, C_j\right)}{p\left(w_i^{col}\right) \times p\left(C_j\right)} = \log \frac{p\left(w_i^{col} \mid C_j\right)}{p\left(w_i^{col}\right)} \tag{7-1}$$

其中,$C_j, j = 1, 2, \ldots k$ 是表示第 j 个类别,$w_i^{col}, i = 1, 2, \cdots, V^{col}$ 代表第 i 个颜色词。k 代表类别的总数量,V^{col} 代表字典的维度。互信息值越大,说明 w_i^{col} 越有可能是 C_j 中的对象颜色。

但是,互信息对于频繁出现的对象颜色不敏感。比如,在 Flower 17 图像库中,有7种花的主要颜色是黄色。虽然黄色的图像块在这些花的图像中是对象上的图像块,但是,黄色和这些图像类别之间的互信息比较低。

为了提升高频颜色的互信息,我们用层次聚类的方法按照不同类别间颜色直方图的相似性把图像分到不同的簇(cluster)中(图7.2)。在每一层,颜色最相似的两簇合并为一簇。文中用直方图的交来衡量不同颜色直方图的相似度。C_j 类别的图像在第 l 层与颜色词的互信息计算方式为

$$LMI_{i,j,l} = LMI\left(w_i^{col}, C_{j,l}\right) = \log \frac{p\left(w_i^{col} \mid G_{j,l}\right)}{p\left(w_i^{col}\right)} \tag{7-2}$$

其中，$G_{j,l}, j = 1, 2, \cdots, k, l = 1, 2, \cdots, L$ 是聚类后第 j 类图像在第 l 层所属的簇。

层次互信息的计算方式为

$$HMI_{i,j} = \max_{l \in 1, 2, \cdots, L} LMI_{i,j,l} \tag{7-3}$$

如图 7.2 所示，有相似颜色的类别在高层中进行了合并，并且 $LMI_{i,j,l}$ 正比于 $p\left(w_i^c \mid G_{j,l}\right)$，所以高频颜色的层次互信息通常会在高层得到。

图 7.2　一些不同类别花的层次聚类树

聚类的个数对于计算层次互信息有很重要的作用，如果聚类数目过少，则很多有相似颜色的类别不能够得到合并。如果聚类数目过多，许多不同颜色的类别就会被合并。所以，我们选择 k/3 作为聚类的数量。我们同时考虑 MI 和 HMI 的作用，提出了一种改进的互信息计算方法为

$$IMI_{i,j} = \alpha HMI_{i,j} + (1 - \alpha) MI_{i,j} \tag{7-4}$$

式中，α 用于调节两种互信息计算方式的重要性。

7.2.1.2　有判别力颜色数量的计算

一个对象可以认为是一组颜色的合集。一个类别的颜色直方图表达的是不同颜色在这个类别中出现的频率。为了在每个类别中获得有判别力的颜色，我们提出了一种有判别力的颜色直方图用于表示每个类别中有判别力颜色的分布。在有判别力的颜色直方图中，有判别力颜色的出现频率与颜色直方图相同，而其他颜色的出现频率为 0。

图 7.3 所示为颜色直方图与有判别力颜色直方图的区别。很明显，Liverpool 类

中有判别力的颜色为红色,所以 Liverpool 类的颜色直方图只保留了这种颜色。

基于在 7.2.1.1 节中的聚类结果,每类的有判别力颜色直方图构造要根据以下四个标准:(1)不同类别的有判别力颜色直方图不相似;(2)同一类别的颜色直方图和有判别力颜色直方图相似;(3)在同一个簇中不同类别的有判别力的颜色直方图相似;(4)不同簇中的有判别力的颜色直方图不相似。

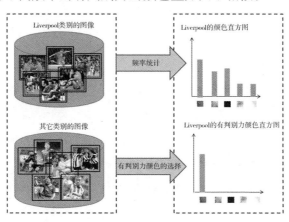

图 7.3　Liverpool 类的颜色直方图与有判别力的颜色直方图的对比

Liverpool 类的图像中有很多种颜色,与其他颜色相比,红色是最有判别力的颜色,所以在有判别力的颜色直方图中只保留了红色,而其他颜色的出现频率为 0。

为了获得所有类别的有判别力颜色直方图,我们对颜色和类别的 IMI 从大到小进行排序,对于类 C_i 来说,排名前 m_i 种颜色为有判别力的颜色。为了获得每一类的 $m_i, i = 1, 2, ..., k$,我们构造了如下目标函数:

$$
\begin{aligned}
\min_{m_i, i = 1, ..., c} \quad & \sum_{i=1}^{c-1} \sum_{j=i+1}^{c} Sim\left(DH_{i,m_i}, DH_{j,m_j}\right) - \\
& \sum_{i=1}^{c} Sim\left(H_i, DH_{i,m_i}\right) + \\
& \sum_{n=1}^{|G|-1} \sum_{l=n+1}^{|G|} \sum_{i \in G_n, j \in G_l} Sim\left(DH_{i,m_i}, DH_{j,m_j}\right) - \\
& \sum_{n=1}^{|G|} \sum_{i \in G_n, j \in G_n, i > j} Sim\left(DH_{i,m_i}, DH_{j,m_j}\right)
\end{aligned}
\tag{7-5}
$$

$$ s.t. \ 1 \leqslant m_i \leqslant V^{col} $$

式中,H_i 和 DH_{i,m_i} 分别代表第 i 类的颜色直方图和有判别力的颜色直方图。m_i 是有判别力颜色的数量。$n = 1, 2, \cdots, |G|$ 是聚类产生的第 n 个簇,$|G|$ 是聚类的个数。

$Sim(\cdot,\cdot)$用于衡量两个直方图的相似性,文中用直方图的交来衡量。公式(7–5)中的4个项分别对应着4条标准。

给定颜色字典的维度V^{col},这个问题可以被认为是一个离散型变量的优化问题,并且能够通过坐标下降法[63]求解。在用坐标下降法求解每类的最优有判别力颜色数量的时候,需要在目标函数(7–5)的基础上不断迭代更新m,直到目标函数收敛则可以获得最优数目。m的更新过程如公式(7–6),$m_q^{(t)}$和$m_q^{(t+1)}$分别对应着旧的和更新过的第q类的有判别力颜色数量。$G_{\varphi(i)}$代表聚类结果中包含C_i类的簇。

$$m_1^{(t+1)} = \arg\min_{p=1}^{V^c} \sum_{i=2}^{k-1}\sum_{j>i}^{k} Sim\left(DH_{i,m_i^{(t)}}, DH_{j,m_j^{(t)}}\right) + \sum_{j>1}^{k} Sim\left(DH_{1,p}, DH_{j,m_j^{(t)}}\right) -$$

$$\sum_{l=2}^{k} Sim\left(H_l, DH_{l,m_l^{(t)}}\right) - Sim\left(H_1, DH_{1,p}\right) + \sum_{n=1}^{|G|-1}\sum_{l=n+1}^{|G|}\sum_{i\in G_n, j\in G_l, i\neq 1, j\neq 1} Sim\left(DH_{i,m_i^{(t)}}, DH_{j,m_j^{(t)}}\right) +$$

$$\sum_{n=1, n\neq G_{\varphi(1)}}^{|G|}\sum_{j\in G_n} Sim\left(DH_{1,p}, DH_{j,m_j^{(t)}}\right) - \sum_{n=1}^{|G|}\sum_{i\in G_n, j\in G_n, i>j, j\neq 1} Sim\left(DH_{i,m_i^{(t)}}, DH_{j,m_j^{(t)}}\right) -$$

$$\sum_{j\in G_{\varphi(1)}, j\neq 1} Sim\left(DH_{1,p}, DH_{j,m_j^{(t)}}\right)$$

$$\cdots$$

$$m_q^{(t+1)} = \arg\min_{p=1}^{V^k} \sum_{i=1, i\neq q}^{k-1}\sum_{j=i+1, j\neq q}^{k} Sim\left(DH_{i,m_i^{(t)}}, DH_{j,m_j^{(t)}}\right) + \sum_{j=1, j\neq q}^{k} Sim\left(DH_{q,p}, DH_{j,m_j^{(t)}}\right) -$$

$$\sum_{l=1, l\neq q}^{k} Sim\left(H_l, DH_{l,m_l^{(t)}}\right) - Sim\left(H_q, DH_{q,p}\right) + \sum_{n=1}^{|G|-1}\sum_{l=n+1}^{|G|}\sum_{i\in G_n, j\in G_l, i\neq q, j\neq q} Sim\left(DH_{i,m_i^{(t)}}, DH_{j,m_j^{(t)}}\right) +$$

$$\sum_{n=1, n\neq G_{\varphi(q)}}^{|G|}\sum_{j\in G_n} Sim\left(DH_{q,p}, DH_{j,m_j^{(t)}}\right) - \sum_{n=1}^{|G|}\sum_{i\in G_n, j\in G_n, i>j, i\neq q, j\neq q} Sim\left(DH_{i,m_i^{(t)}}, DH_{j,m_j^{(t)}}\right) -$$

$$\sum_{j\in G_{\varphi(q)}, j\neq q} Sim\left(DH_{q,p}, DH_{j,m_j^{(t)}}\right)$$

$$\cdots$$

$$m_k^{(t+1)} = \arg\min_{p=1}^{V^c} \sum_{i=1}^{k-2}\sum_{j>i}^{k-1} Sim\left(DH_{i,m_i^{(t)}}, DH_{j,m_j^{(t)}}\right) + \sum_{i=1}^{k-1} Sim\left(DH_{k,p}, DH_{i,m_i^{(t)}}\right) -$$

$$\sum_{l=1}^{k-1} Sim\left(H_l, DH_{l,m_l^{(t)}}\right) - Sim\left(H_k, H_{k,p}\right) + \sum_{n=1}^{|G|-1}\sum_{l=n+1}^{|G|}\sum_{i\in G_n, j\in G_l, i\neq k, j\neq k} Sim\left(DH_{i,m_i^{(t)}}, DH_{j,m_j^{(t)}}\right) +$$

$$\sum_{n=1, n\neq G_{\varphi(k)}}^{|G|}\sum_{j\in G_n} Sim\left(DH_{k,p}, DH_{j,m_j^{(t)}}\right) - \sum_{n=1}^{|G|}\sum_{i\in G_n, j\in G_n, i<j, j\neq k} Sim\left(DH_{i,m_i^{(t)}}, DH_{j,m_j^{(t)}}\right) -$$

$$\sum_{j\in G_{\varphi(k)}, j\neq k} Sim\left(DH_{k,p}, DH_{j,m_j^{(t)}}\right)$$

$$(7–6)$$

公式(7-4)中的参数 α 的调节范围是 $\{0.1, 0.2, \cdots, 1.0\}$，能够使目标函数得到最小值的 α，即为最优的 α。

颜色数量选择的复杂度依赖于每个簇所包含的类别数量。如果每个簇是平均的，即每个簇包含 $k/|G|$ 种类别，计算复杂度为 $O\left(V^{col^2} k^2 t\right)$，$t$ 为坐标下降的迭代次数。

7.2.2 产生种子

受到 Lee Y J 等人[126]的启发，我们提出了一种新的描述子叫作图像块–图(patch graph, PG)描述子来描述图像块的局部特征。假设从每个图像块中提取出了 N 种特征 $\{f_1, f_2, \cdots, f_N\}$，然后与 BOW 相似，把不同种类的描述子进行聚类形成不同特征的字典，然后给特征分视觉词。

对于每个图像块 p，我们用它自身和邻域计算得到的后验概率来构建直方图。每个直方图 $H_r(p)$ 统计了 p 的 r 近邻内所有图像块的每种特征 f_j 属于每个类别 C_i 的平均概率。我们把 $r = 0, \cdots, R$ 的情况下得到的直方图连接起来作为当前图像块的 PG 描述子。需要注意的是，$H_0(p)$ 只包含了 p 本身的后验概率。这种方式以一种从近到远的方式对周边的图像块进行编码。此外需要说明的是，不同图像块的近邻可能存在着重叠的情况，即某个图像块可能是多个图像块的近邻。当两个或者多个图像块与某需要表示的图像块距离相等的时候，则随机选择其中 1 个作为近邻。最后描述子的维度为 $N \cdot c \cdot (R + 1)$，如图 7.4 所示。

图 7.4 中类别的数目是 c，每一个直方图 $H_r(p)$ 用于编码 p 的 r 个近邻，其中 $0 \leq r \leq R$，图中 $R = 3$。$des(p)$ 可以被认为是相对于 p 来说从近到远属于各个类别的软编码。

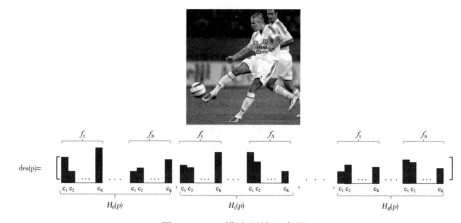

图 7.4　PG 描述子的示意图

一个种子是一对在相同类别但不同图像内的图像块,它们有着相同的有判别力颜色且特征相似。找到的种子需要符合以下要求:第一,用于构造种子的图像块 必须在对象上;第二,种子的构造必须考虑图像块对的相似性。这个过程等同于一 个聚类问题,相似的图像块被放到相同的簇当中。所以我们对同类别中有判别力 的图像块进行聚类,然后用算法1来识别种子。

算法1:产生种子。

输入:聚类得到的簇集合 $\hat{Y}_m$,相似性阈值 τ,第m类的有判别力颜色的集合 dc_m。

输出:种子的集合 $\hat{E}_m$。

1: $\hat{E}_m \leftarrow \phi$

2: for all $Y \in \hat{Y}_m$ do

3: for all $v_x, v_y \in Y : I(v_x) \neq I(v_y)$

4: if $w_{\varphi(x)}^{col} == w_{\varphi(y)}^{col}$ and $Sim(v_x, v_y) \geqslant \tau : w_{\varphi(x)}^{col} \in dc_m, w_{\varphi(y)}^{col} \in dc_m$

5: $\hat{E}_m \leftarrow \hat{E}_m \bigcup (v_x, v_y)$

算法1检查了每个簇中不同图像中所有可能的有判别力颜色块对(第3行),如果有一对有相同颜色的图像块的相似度大于阈值 τ(第4行),则就被认为是一个种子(第5行)。用于构造种子的图像块叫作种子图像块。

我们用K-means聚类算法进行聚类。聚类的个数对于结果非常重要,如果聚类个数过多,每一个类就会太小,导致种子不能在所有图像中找到匹配。另外,如果类个数过少,那么需要考虑的图像块的对数就会非常大,这样就会导致比较差的扩展性。与Shih Y K等人的论文"Scalable global alignment for multiple biological networks"中相似,我们选择 $N_m \big/ |I_m|$ 作为聚类的数目来平衡扩展性和匹配集的跨度。N_m 是有判别力的图像块的数量,$|I_m|$ 是类别为m的图像数目。

7.2.3 种子扩张产生匹配集

我们首先扩张种子来找到匹配集,匹配集包括种子和其邻域。存在一个包含所有可扩展图像块对的优先级序列,这个序列按照相似性来迭代选择可扩展的图像块对。我们每次选择一对图像块进行匹配,保留图像块的边并且扩展匹配到的图像块。其过程如算法2所示。

算法2:种子膨胀用于图像匹配 。

输入:第m类的种子集合 $\hat{E}_m$,其中图像的数量为 $|I_m|$。

输出: 第 m 类的匹配集集合 $\hat{S}_m$。

1: for all $v_x \in \bigcup_{i=1}^{|I_m|} V_i$ do

2: $S_k(v_x) \leftarrow \{v_x\}$;

3: for all $\{v_x, v_y\} \in \hat{E}_m$ do

4: Push$\left((v_x, v_y), sim(v_x, v_y)\right)$ in pq ; // is a priority queue

5: while pq is not empty do

6: $(v_x, v_y) \leftarrow pq.pop()$;

7: Merge(v_x, v_y);

8: for all match−set $S_m:|S_m| \geqslant 2$ do

9: for all $(v_i, v_j) \in S_m:I(v_i) \neq I(v_j)$ do

10: for all $(v_x, v_y):v_x \in N(v_i), v_y \in N(v_j)$ do

11: Push$\left((v_x, v_y), sim(v_x, v_y)\right)$ in pq;

12: while pq is not empty do

13: $(v_i, v_j) \leftarrow pq.pop()$;

14: if Merge(v_i, v_j) then

15: for all $(v_x, v_y):v_x \in N(v_i), v_y \in N(v_j)$ do

16: Push$\left((v_x, v_y), sim(v_x, v_y)\right)$ in pq;

17: if $|I_m| = 2$ //match match−sets graph and an image graph

18: $\hat{S}_m \leftarrow \{match - setS_m\}$;

19: else // match the image graphs in the same category

20: $\hat{S}_m \leftarrow \left\{match - set \ \ S_m:|S_m| \geqslant |I_m| \big/ 4\right\}$;

在算法2中,开始的时候每个图像块构成一个匹配集,并且匹配集内只包含自己(第1~2行)。种子中包含的图像块合并构成一个大的种子,大种子中的图像块可能来自两个或多个图像(第3~7行),接下来我们通过匹配种子的邻域来使种子膨胀。一旦有新的一对图像块被优先级序列选中,我们用合并标准(算法3)来检测是否包含这两个图像块的匹配集需要合并(第14行)。如果合并了这两

个匹配集,我们就把它们没有被匹配的邻域放入优先级序列(第15~16行)。由于类内对象的差异性,我们只去掉那些匹配不超过$\left|I_m\right|\big/4$幅图像的匹配集(第19~20行)。与此不同的是,在匹配匹配集图和一幅图像的时候则没有必要去掉匹配集(第17~18行)。通过同类别图像的匹配生成的匹配集能够识别出对象上的图像块。换句话说,所有匹配集中的图像块都是对象上的图像块。

算法3:合并。

输入:一个属于第m类图像块对(v_i,v_j)和3个预定义的参数γ,ρ,ω。

输出:布尔值的结果说明是否需要合并$S_m(v_i)$和$S_m(v_j)$

1: if $\left|S_m(v_i)\right|+\left|S_m(v_j)\right|>\omega\cdot\left|I(S_m(v_i))\right|\bigcup\left|I(S_m(v_j))\right|$ then

2: return false ;

3: maxSim $\leftarrow$ max$\left\{sim(v_x,v_y)\,\middle|\,v_x,v_y\in S_m(v_i)\bigcup S_m(v_j)\right\}$;

4: $count=\left|\left\{(v_x,v_y)\,\middle|\,v_x\in S_m(v_i),v_y\in S_m(v_j),sim(v_x,v_y)>\text{maxSim}\times\gamma\right\}\right|$

5: $expandRatio=\left|I(S_m(v_i)\bigcup S_m(v_j))\right|\big/ MAX\left(\left|I(S_m(v_i))\right|,\left|I(S_m(v_j))\right|\right)$;

6: if $count\cdot$ expandRation $\geqslant\left|S_m(v_i)\right|\times\left|S_m(v_j)\right|\times\rho$ then

7: Merge $S_m(v_i)$ and $S_m(v_j)$

8: $v_i.mat,v_j.mat\leftarrow$ true;

9: return true;

10: else

11: return false;

我们用 Shih Y K 等人的论文"Scalable global alignment for multiple biological networks"中的合并标准来决定两个匹配集是否能够合并。第一个准则是合并后的匹配集不能大于一个阈值,这个阈值的计算方式是匹配集出现的图像数乘以ω(第1~2行)。第二个准则是当且仅当 expandRatio 乘以相似性大于某个阈值的图像块对数大于某个值的时候匹配。expandRatio 即扩展率,即当两个匹配集合并的时候,两个匹配集中增加的跨越图像的可能性。ω的建议值是[1.5,2.5],γ和ρ的范围是$(0,1]$。

7.2.4 找到有表示性的匹配集

我们希望利用匹配集作为一种新的特征来表示图像。为了达到这个目的，我们需要选择最有表示性的匹配集。受到文 Fernando B 等人的文章"Mining mid-level features for image classification"的启发，为了计算表示性分数，我们通过比较某种匹配集在图像中的分布和最优分布的差异来确定表示性分数。对于类 m 来说，一个有最优分布的匹配集叫作最优匹配集，记作 t_m^*。最优匹配集中的图像块应该均匀地分布在所有的图像中，即在类 m 中 $\forall IG_i, IG_j, p\left(IG_i \mid t_m^*\right) = p\left(IG_j \mid t_m^*\right) = \left(1 / \left|I_m\right|\right)$，一个匹配集 t 的表示分数计算为

$$O(t) = \exp\left\{-D_{KL}\left(p\left(IG \mid t_m^*\right) \middle\| p\left(IG \mid t\right)\right)\right\} \tag{7-7}$$

其中，$D_{KL}\left(. \| .\right)$ 为不同分布之间的 KL 距离。$p\left(IG \mid t\right)$ 的计算方法为

$$P\left(IG \mid t\right) = \frac{F\left(t \mid IG\right)}{\sum_j F\left(t \mid IG_J\right)} \tag{7-8}$$

其中，在匹配集 t 中的图像块 IG_j 在中的数量记作 $F\left(t \mid I_J\right)$。

7.2.5 匹配图像图和匹配集图用于图像表示

在匹配集中的图像块和它的连边构成的图叫作匹配集图（图7.5）。匹配集图不是一个连通图，因为图像块的连边只存在于同一图像内。在通过匹配同种类的图像得到有类依赖的匹配集图之后，我们用每类的匹配集图来匹配测试图像，测试图像中匹配的图像块最终被用于图像的直方图表示。

需要注意的是，匹配过程仍然基于种子膨胀策略。但是，种子的一对图像块，一个来自匹配集图，另外一个来自测试图像。然后，我们使种子膨胀用于匹配匹配集图和测试图像。除此之外，我们用匹配集来代替传统聚类产生的视觉词，一个测试图像被表示为匹配集出现的频率分布。与 Khan 等人的"Top-down color attention for object recognition"一文相同，我们把这些有类依赖的直方图表示连接起来作为最终的图像表示。最终图像表示的维度是 $L \cdot c$。这种图像表示方式记作 MIM。

图7.5中通过匹配三种花得到三种类别的匹配集图，同一个匹配集中的图像块在同一个虚线框内，这些图像块与邻域通过黑色实线相连。测试图像与每个类别的匹配集图进行匹配，匹配上的图像块最终用于构造基于匹配集的直方图表示。

图 7.5　匹配测试图像和每类的匹配集图

7.3　实验

我们把 MIM 与一些优秀的方法在 Soccer 图像库、Flower 17 图像库和 Flower 102 图像库上进行了比较,用以测试分类性能。

7.3.1　实验设计

算法通过多尺度密采样的方式来定位图像块,我们每隔 5 个像素在不同尺度下($10 \times 10, 20 \times 20, 30 \times 30$)进行采样,图像图通过把每个图像块与邻近的 10 个图像块相连构建而成,图像块的 PG 描述子也通过每个图像块的邻域计算得到。PG 描述子是基于 4 种描述子构建而成的,它们是用于描述形状的 SIFT 描述子,用于描述颜色的 HUE 和 CN 描述子和颜色形状描述子 Color-opponent-SIFT。在提取出 SIFT 描述子之后,我们用 PCA 把描述子的维度降到 64 维。相似性阈值 τ 由每类当中前 15% 最相似的有相同判别力颜色的图像块的相似度决定,Soccer, Flower17 和 Flower 102 中每个类中匹配集的数量 L 分别是 50,80 和 80。分类器为非线性 SVM,采用交核并且 $C = 10$。

7.3.2　图像匹配与采样

图 7.6 所示为 Soccer 图像集中的一些匹配结果。我们从每类的匹配集图中选择了 20 对最相似的图像块,很明显,匹配的图像块都在球员身上。匹配到的图像块不仅仅在有判别力颜色的队服上,那些颜色没有判别力的队标上也同样得到了匹配。

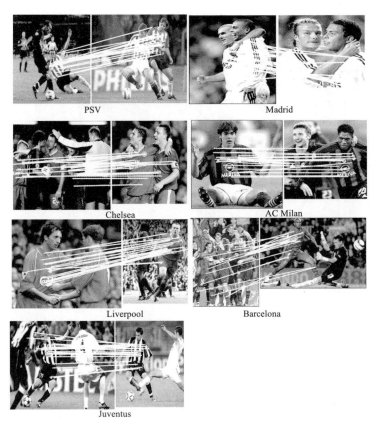

图 7.6　Soccer图像集上的匹配结果

图7.7中展示的是Soccer图像集的采样结果。由于我们选择种子图像块的方式是依赖于有判别力的颜色的,所以不能保证所有的种子图像块都在对象上。但是,在种子膨胀的过程之后,那些不在对象上的采样图像块就被去掉了。例如,在AC Milan类别中,一些种子图像块在背景上,但是这些图像块在种子膨胀之后被去掉。

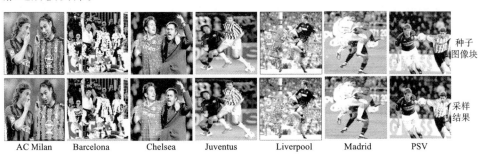

图 7.7　Soccer图像集上的采样结果

　　PSV类别中广告板上的颜色与队服颜色相似,这些在广告版上的种子图像块在种子膨胀过程之后同样被去掉了。同样的情形还发生在Barcelona类。我们还可以发现,通过我们的MIM算法采样得到的图像块不仅仅出现在有判别力的图像块上,而且出现在队标等颜色没有判别力的区域。

　　图7.8所示为Flower 17图像库中的匹配结果。与Soccer相似,我们也在每类中选择了20个匹配对。由于花朵的对称性,一个图像中的图像块通常会匹配另一个图像中的多个图像块。通常情况下,花瓣和花蕊的颜色不同,但是在这两部分中都能找到匹配的图像块。

　　图7.9中展示了Flower 17图像库中的种子图像块和采样结果。注意,频繁出现的有判别力颜色能够被准确地发现。由于我们提出的改进的互信息提高了频繁出现颜色与类的互信息,拥有这些颜色的种子图像块能够被准确地找到。我们的扩展过程能够发现那些颜色没有判别力的对象图像块,除此之外,MIM能够处理更复杂的情况,比如在Dandelion(蒲公英)图像中的蜜蜂没有被采样。

　　Flower 102图像库的类内变化使得匹配问题变得复杂,但是MIM算法产生的匹配集图对于类内变化有比较好的鲁棒性。找到更多的匹配图像块对于产生匹配集是非常重要的,但是,不是每个对象上的图像块都能找到匹配的图像块。如图7.10所示,由于颜色和形状的相似性,(a)(b)之间、(c)(d)之间、(e)(f)之间和(g)(h)之间能够找到比较多的匹配图像块,而图像(a)(b)/(e)(f)和图像(c)(d)/(g)(h)之间的能够匹配的图像块却不多。由于我们设置了匹配集的跨度,这些匹配的图像块被保存了下来。

图 7.8　Flower 17图像集上的匹配结果

图 7.9　Flower 17 图像集上的采样结果

图 7.10　类内差距大情况下的匹配结果

　　图 7.11 中展示了 Flower 102 中图像的匹配结果。花朵的对称性同样导致一个图像块可能匹配多个图像块。

　　图 7.12 所示为 MIM 在 Flower 102 图像库的采样结果。我们几乎很难发现背景上的采样。由于这个库中训练集样本数量有限，并且训练集中类内样本变化比较大，我们的采样结果在结构简单的对象上比较好，如 Globe Thistle（球蓟）、Moon Orchid（月兰）和 Frangipani（鸡蛋花树）。而在情况比较复杂的类里面，只有那些有明显结构特征的图像块被选择的了出来，如 Passion Flower（西番莲）和 King Protea（帝王花）。

图 7.11 Flower 102 的匹配结果

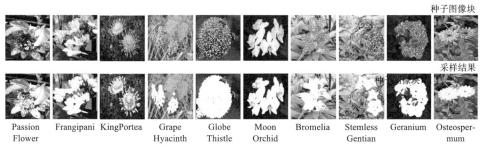

图 7.12 Flower 102 图像集上的采样结果

7.3.3 图像分类结果

我们在 Soccer 图像集上检测 MIM 算法的性能,分类结果比对见表 7.2 所列。为了与 SLF、CA 和 LRFF 进行比较,我们与这些算法采用了相同的特征描述子,SLF 在图像表示的时候认为所有的局部特征有相同重要性,所以所有提取的局部特征都用于图像表示,这种方式的分类结果精度是最低的。CA 可以找到对象的大概区域,这个大概的区域有利于对象信息的提取,所以这种方法比 SLF 分类效果好。LRFF 给不同的视觉词赋予了合理的权重,但是这种方式不能找到对象区域。而 MIM 能够提供良好的采样结果。当采用三种或四种特征描述子的时候我们的算法都能取得良好的分类效果。

我们在 Flower 17 图像库中比较了 MIM 和一些基于颜色形状直方图的表示方

式,结果见表 7.3 所列。很明显,我们的分类准确率高于这些方法。同时,我们也比较了 MIM 和其他算法的性能,结果如表 7.4 所列。需要注意的是,在 Gehler P 等人的论文"On feature combination for multiclass object classification,Lp norm multiple kernel Fisher discriminant analysis for object and image categorization"和 Ye G 等人的论文"Robust late fusion with rank minimization"中,采用了 HOG 和 SIFT 等 7 种描述子,而在我们的算法中只使用了 4 种描述子,并且识别准确率比其他算法提高了 2% 左右。BiCoS–MT[84]利用分割的方法能够很好地找到对象位置,而我们利用匹配集图来找到对象区域,并且能够生成更好的图像表示。

表 7.2　在 Soccer 图像集上的实验结果

算法	描述子	字典	分类准确度
SLF[52]	SIFT+CN+HUE	400+300+300	88.5±0.8
CA[49]	SIFT+CN+HUE	400+300+300	93.8±0.5
LRFF[52]	SIFT+CN+HUE	400+300+300	94.0±1.1
MIM	SIFT+CN+HUE	400+300+300	96.5±0.5
SLF[52]	SIFT+Hue+CN+OPP.SIFT	400+300+300+1000	91.1±0.5
CA[49]	SIFT+Hue+CN+OPP.SIFT	400+300+300+1000	
LRFF[52]	SIFT+Hue+CN+OPP.SIFT	400+300+300+1000	96.0±0.3
MIM	SIFT+Hue+CN+OPP.SIFT	400+300+300+1000	97.7±0.3

表 7.3　MIM 与一些优秀算法在 Flower 17 图像库上分类性能的比较

算法	分类准确率
Yuan et al.[29]	88.2±2.3
Gehler and Nowozin[43]	88.5±3.0
Yan et al.[65]	86.7±1.2
BiCoS-MT[84]	90.4±2.3
GRLF[131]	91.7±1.7
MIM	94.9±1.0

表 7.4　MIM 与一些基于颜色和形状的图像直方图表示方法在 Flower 17 上的性能比较

算法	描述子	字典	分类准确度
SLF[52]	SIFT+HUE+CN	1000+300+300	86.3±0.5
	SIFT+HUE+CN+OPP.SIFT	1000+300+300+2000	87.1±1.0
CA[49]	SIFT+HUE+CN	1200+300+300	88.8±0.5
	SIFT+HUE+CN+OPP.SIFT		
LRFF[52]	SIFT+HUE+CN	1000+300+300	91.0±1.1
	SIFT+HUE+CN+OPP.SIFT	1000+300+300+2000	93.0±0.5
MIM	SIFT+HUE+CN	1200+300+300	93.6±1.1
	SIFT+HUE+CN+OPP.SIFT	1200+300+300+2000	94.9±1.0

表 7.5 所列为 MIM 在 Flower 102 图像库中与其他算法的比较。当我们用 SIFT、CN、HUE 和 OPP.SIFT 描述子的时候分类精度为 80.5%,这四种颜色描述子的字典维度为 4000、500、500 和 1000。

表 7.5　MIM 与一些优秀的方法在 Flower 102 上的性能比较

算法	分类准确度
Saliency[94]	72.8
Portmanteau[51]	73.3
MKL[44]	72.8
Fine-grained[95]	76.7
BicosMT[84]	80.0
Khan et al.[132]	81.3
MIM	80.5

Kanan C 等人的论文"Robust classification of objects, faces, and flowers using natural image statistics"使用显著性图来发现对象位置,其精度为 72.8%。需要注意的是,Nilsback M E 等人的论文"Automated flower classification over a large num - ber of classes",Chai Y 等人的论文"Bicos: A bi-level co-segmentation method for image classification"和 Angelova A 等人的论文"Efficient object detection and seg - mentation for fine-grained recognition"都采用了分割的方式,然而 MIM 并没有分割图像。与我们的方法一样,Khan F S 等人的论文"Portmanteau vocabularies for multi-cue image representation"和 Khan R 等人的论文"Discriminative color de - scriptors"中也只是用了颜色和形状描述子,但是我们的算法却比这些算法的精度提高了 6%。据我们所知,论文 Discriminative color descriptors 中的结果 81.3% 是使用颜色和形状进行分类的最好结果,虽然我们的算法没有能够超过这个结果,但是已经与这个结果很接近了。

我们在第三章和第四章中介绍的算法主要是基于 CA 算法的改进,目的是使特征加权更加合理。而 MIM 算法目的在于准确地发现那些对于不同类别最重要的特征,基于上下文颜色注意力图的方法考虑了不同颜色之间的上下文关系,而 MIM 不但考虑了上下文关系而且对字典进行了改进,生成了更好的图像表示。在第五章和第六章中的算法主要考虑到如何给图像表示增加空间信息,虽然 MIM 没有给图像表示提供空间信息,但是与 CPM 和层次挖掘的方法相比,得到了更准确的有判别力的颜色,而且从图像匹配的角度出发,利用更准确的特征对图像进行了表示。最终,MIM 能够在 Soccer,Flower 17 和 Flower 102 图像库中取得更好的分类结果。

7.4　本章小结

本章提出了一种基于多图像匹配的对象识别方法。每个图像被认为是一个图，通过匹配同类图像用于生成匹配集图，最后匹配集图和图像匹配用于发现对象上的图像块。大量实验清楚地表明文中提出的MIM方法能够在公用的图像库中取得良好的识别效果。

7.5　多特征识别小结

计算机视觉领域经过50多年的发展已经取得了一些成绩。其中，对象识别是计算机视觉领域的最基本问题之一，它有着很重要的理论意义和实际应用价值。在计算机视觉领域当中有很多与颜色相关的分类工作，如Soccer图像库中的球员识别问题和Flower 17与Flower 102图像库中的花朵种类识别问题。在这些库中的图像里，背景特征尤其是背景的颜色特征相对一致，且不同种类对象的颜色有比较明显的差别，有判别力的颜色可以作为一种重要的发现并表示对象的手段。我们致力于研究如何充分利用颜色特征对于对象区域的判定作用，从注意力图、空间信息和图像匹配的角度去解决对象识别问题。

我们主要解决了BOW框架下融合颜色和形状特征的方法中主要存在的三个问题。第一个问题是如何在BOW框架下衡量不同特征的重要性问题，本文主要考虑的是图像块的重要性。第二个问题是如何解决BOW忽略特征之间空间关系的问题。第三个问题是如何衡量视觉词之间关系的问题。具体到本书中分成了五章，研究工作是如下进行展开的。

第三章主要提出了一种基于对象颜色的特征加权方式。在BOW框架下，多特征融合的方法能够在对象识别和场景分类领域取得不错的分类结果。自顶向下的颜色注意力图方法（CA）通过构造有类依赖的颜色注意力图来引导人们的注意。

这种方法从有类依赖的颜色区域提取更多的特征，因为这些区域更有可能是对象存在的区域。但是在CA方法中，每种对象颜色都被分开来考虑，颜色的多样性和类内颜色的变化使得对象上不同颜色的判别力不同。对象可以被认为是一系列有判别力颜色的图像块的集合。为了提高CA的对象识别能力，本章提出了一种基于颜色合并的图像表示方法，该方法首先用类别和颜色的互信息找到可能的对象颜色,然用对象颜色在每类中出现的概率作为权重给局部特征加权进行图像表示,这种方式能够在CA框架下给对象上的特征赋予统一的高权值,使得图像表示更为合理。

第四章从注意力图的角度出发,根据CA方法不能给颜色注意力图中的对象块相同的注意力值的缺点,我们提出了上下文颜色注意力的概念,并用构造的新的颜色注意力图来进行图像表示。算法通过优化得到每类当中有判别力的颜色,根据图像块的颜色是否属于有判别力的颜色可以把图像中的图像块分为两类即强图像块和弱图像块。但是弱图像块当中有一些是属于对象上的图像块,为了识别这些伪弱图像块,首先计算出每个弱图像块的上下文注意力值,通过构造目标数来求得每类图像的最优上下文颜色注意力阈值,并且根据阈值来判断哪些弱图像块为伪弱图像块。此外,文中还提出了一种对象颜色直方图,并用它构造自顶向下的颜色注意力图。

第五章主要的目标是为BOW加入空间信息,用于提高图像表示的判别力。本章提出了一种基于颜色的次划分方法用于给图像表示增加空间信息,其中颜色作为次划分的标准,用以为BOW提供空间信息。该方法通过对有判别力颜色的判断把图像分为不同成分,然后把成分的直方图表示连接起来作为最终的图像表示。本章提出的成分金字塔匹配方法(component pyramid matching,CPM)在对象识别的图像库中取得了良好的效果。

第六章中提出了一种有效的中间层特征层次挖掘方法,这种方法把有判别力的颜色作为划分层次的标准,每一个层次对应着对象上的一定区域,然后对每一层的特征进行挖掘。这种方式能够发现不同视觉词之间的关系,最后,利用挖掘到的模式集来代替原有的视觉词进行图像表示,这种方法增加了图像表示的判别力,提高了分类准确率。

第七章提出了一种基于图(graph)的图像表示方式。我们为每一幅图像构造一个图表示,其中每一个图像块代表一个节点,每一个节点与其近邻的节点相连用于生成图。首先,通过有判别力颜色的判断和图像块之间的相似性找到种子,再通过膨胀的方法生成有类依赖的匹配集图,接下来用得到的匹配集图来匹配所有的图像用于找到对象上的图像块,最终,这些图像块的特征被用于图像表示。

本书这五章最核心的部分都围绕着如何在BOW框架下融合形状和颜色特征所展开。颜色可以作为发现对象区域的有力工具,可以用于对局部形状特征加权,也可以用作划分层次的标准,还可以作为匹配过程的重要步骤。在对象识别任务中,融合形状和颜色信息的方法提高了对象识别的准确率。

7.6　识别问题的展望

深度学习(deep learning)是当今机器学习领域的一个研究热点,它在图像分类领域取得了非常大的成功,尤其是 LeCun 等人提出的卷积神经网络(convolu-tional neural network,CNN)使得图像分类准确率有了很大的提升。根据本书已有的工作基础,我们将结合 CNN 继续研究图像表示,主要有以下几个问题可以继续深入研究:

一、通过图像分类结果来指导显著性图的构建。基于 CNN 的方法比传统的基于 BOW 的方法在分类准确率上有了很大提高,如何有效利用 CNN 的分类结果来指导显著性图的构建是我们接下来的一项重要工作。

二、把提取的注意力图作为 CNN 特征提取的预处理部分。基于图像块构造的注意力图能够发现对象上的图像块,准确判断这些图像块对于提高 CNN 的参数的准确性有着非常重要的作用,下一步我们将研究如何把这两者进行有机的结合。

三、如何用 CNN 解决小规模图像集的分类问题。在论文中,Oquab 等人提出把在 ImageNet 上训练得到的 CNN 网络用于 PASCAL VOC 2007 图像库的分类,并且取得了良好的分类效果。这种方法给了我们很大的提示,即知识的扩充与转移。在 ImageNet 上训练得到的 CNN 网络即为知识的扩充,在 ImageNet 当中有很多类别与 PASCAL VOC 2007 不相关,但是这些知识同样可以用于描述 PASCAL VOC2007 当中的图像,这部分知识可以认为是对 PASCAL VOC 2007 当中图像的不精确描述。当把 CNN 网络加入新的层次后在 PASCAL VOC 2007 中训练,即为知识的转移。新的网络能够用精确的知识和不精确的知识同时来描述对象,这样能够产生更加强大的特征描述能力。小图像集的分类效果受限于图像集的数量少,即知识的不丰富,不能够使 CNN 得到准确的参数集合。如果把在大规模图像集中得到的网络结合自己图像集的特点,构造出新的网络,便能够解决用 CNN 分类小规模图像集的问题。

第八章 基于颜色的压缩层次图像表示方法

空间金字塔模型在每层中把图像划分成细胞单元,用于给图像表示提供空间信息,但是这种方式不能很好地匹配对象上的不同部分。本章提出了一种基于颜色的层次划分算法 CL,CL 算法从多特征融合的角度出发,通过优化的方式在不同层次中得到每个类别中有判别力的颜色,然后根据每层中有判别力的颜色对图像进行迭代的层次划分。最后连接不同层次直方图用于图像表示。为了解决图像表示维度过高的问题,采用 DITC 聚类方法对字典进行聚类,用于字典降维,并用压缩生成的字典进行最终的图像表示。实验结果表明,提出的方法能够在 Soccer,Flower 17 和 Flower 102 上取得良好的识别效果。

8.1　背景知识介绍

词袋模型(bag-of-words, BOW)是对象识别和场景分类领域最成功的方法之一。这种方法把图像表示为局部特征的直方图形式。BOW 利用局部特征构造字典,然后通过统计图像中出现的视觉词的数量来表示图像,最终用于图像分类。

但是,BOW 模型忽略了不同特征之间的空间和位置关系。为了给模型提供空间信息,Shepherd B A 等人[136]通过对于几何对应位置的搜索来给特征表示提供空间信息。Pourghassem H 等人的论文"Content-based medical image classification using a new hierarchical merging scheme"和 Warfield S 的论文"Fast k-NN classifi - cation for multichannel image data"中用特征向量之间的上下文关系给 BOW 增加空间位置关系。Ceallit T[139]通过局部图像块之间的关系构造了 CBOW 方法,用于给图像表示提供空间信息。Cheng Y C 等人[140]用局部出现的相关特征来产生有判别力的直方图表示。Chapelle O 等人[141]通过发现不同特征之间的模式来进行图像表示。有判别力的模式更能够体现出图像内容的本质特征,Bosch A 等人[142]通过多示例学习的方法发现有判别力的模式用于图像分类。

在众多的研究当中,空间金字塔(spatial pyramid matching, SPM)是最经典的方法之一,并且得到了普遍的认可。空间金字塔在场景识别和对象识别领域都取得了良好的效果。空间金字塔将图像划分成不同的层次,并且在不同的层次下把图像划分成不同的细胞单元(cell),然后,分别对每个细胞单元的图像区域进行直方图表示,最后把不同层次的区域直方图串接起来作为最终的图像表示。空间金字塔存在的一个主要问题是图像的硬划分方式不合理,它在不同层次中将图像不断地细分为大小相等的细胞单元,这种方式的确能够提供一种由粗到细的划分方式,并且能够为相邻的图像块提供空间信息,但是不能保证每个细胞单元有唯一的语义表示。图8.1所示为图像的空间金字塔划分方法,图像被划分成了3个不同的层次,在每个层次中,图像被划分成了大小相同的细胞单元。从图8.1中不难发现,每个细胞单元并不能表示成一个有确定语义信息的内容。在第1层当中,每个细胞单元包含了花朵的一部分和背景,在第2层当中,有的细胞单元包含花朵的一部分,有的只包含背景,并且在最终图像表示的时候没有考虑到不同细胞单元间特征的关系,即没有考虑到应该把细胞单元表示为对象的某个特定区域。此外,随着层次的深入,图像的向量表示长度会不断增大,例如,一个2层空间金字塔,需要连接1+4 +16 =21个局部直方图表示,如何控制字典的维度也是一个需要解决的问题。

本章主要着手解决了两个问题。首先,为了克服空间金字塔硬划分的缺点,从多特征融合的角度出发对图像进行分层。把颜色作为诱导划分的依据。其次,为了缩短字典维度进而提高分类精度,本章采用了 Divisive Information-theo-retic Clustering(DITC)[6]聚类方法对字典的维度进行约减。

| 0层 | 1层 | 2层 |

图8.1　空间金字塔划分

算法流程如图8.2所示,首先计算出不同颜色的判别性,并利用不同类别颜色的优化选择对图像进行分层,然后把不同层次图像划分的表示连接起来作为整幅图像的表示,为了解决图像表示维度过高的问题,算法对特征字典进行了压缩,并利用压缩后的字典进行最终的图像表示。

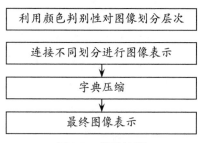

图8.2　算法流程

8.2　有判别力的类颜色检测方法

BOW框架下的图像块是通过采样得到的,在图像表示的时候,把图像块特征作为特征的最基本单元进行频率统计。通常情况下,图像块内包含的像素颜色不同,为了便于统计,图像块的颜色通常认为是块内所有像素的平均颜色。在训练集中,通过聚类生成颜色字典为$W^c = \left\{w_1^c, w_2^c, \cdots, w_{V^c}^c\right\}$,其中,$V^c$是颜色视觉词的数量。然后,把每个图像块的颜色映射为最相似的颜色词,最终的图像颜色被表示为颜色直方图,即所有颜色在图像中出现的概率分布(图8.3)。

发现对象区域是对象识别的一个重要环节,颜色是一种有效的判断对象区域的手段。图像中存在不同的颜色,我们认为每类中有判别力的颜色的区域代表对象或对象上某个部分的某个区域。准确地找到有判别力的颜色能够帮助更有针对性地对图像进行表示。

定义$C = \left\{c_1, c_c, \cdots, c_k\right\}$为图像类别的集合,$k$代表类别的数量。为了找到每类中有判别力的颜色集合,本章提出了有判别力的颜色直方图的概念。有判别力的颜色直方图是在颜色直方图的基础上构造的,两者都是基于颜色字典所构造的,但是在有判别力的颜色直方图中只保留了有判别力颜色的出现频率,如图8.3所示,Frangipani(鸡蛋花)中有判别力的颜色是黄色和白色,所以在Frangipani的有判别力的颜色直方图中,只保留了这两种颜色。

文中用类与颜色的互信息来衡量颜色的判别力强弱,计算公式为

$$\text{MI}(w_n^c, c) = \log_2 \frac{p(w_n^c, c)}{p(w_n^c) \times p(c)} = \log_2 \frac{p(w_n^c|c)}{p(w_n^c)} \tag{8-1}$$

式中,w_n^c代表颜色视觉词。互信息值越高,当前的视觉词与类的相关性越强。对于每个类别,只需要选择与其最相关,即与这个类别的互信息值最大的几种颜色作为此类的有判别力的颜色。对于任意c_i来说,选择m_i种最判别力的颜色即互信息值最高的m_i种颜色,来构建颜色直方图。

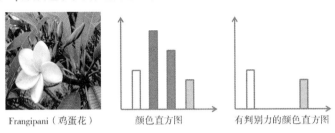

Frangipani(鸡蛋花)   颜色直方图   有判别力的颜色直方图

图8.3   Frangipani(鸡蛋花)的颜色直方图和有区分力的颜色直方图

为了选择出对于任一类c_i最重要的m_i种颜色,构造目标函数为

$$\min_{m_i, i=1,\dots,k} \sum_{i=1}^{k-1}\sum_{j>i}^{k} Sim\left(DH_{i,m_i}^c, DH_{j,m_j}^c\right) - \sum_{i=1}^{k} Sim\left(H_i^c, DH_{i,m_i}^c\right) -$$
$$\sum_{i=1}^{k-1}\sum_{j>i}^{k} Sim\left(DH_{i,m_i}^s, DH_{j,m_j}^s\right) \tag{8-2}$$
$$s.t. \ \ 1 \leqslant m_i \leqslant V^c$$

式中,H_i^c和DH_{i,m_i}^c分别代表c_i类的颜色直方图和有判别力的颜色直方图。DH_{i,m_i}^s代表c_i类中,有判别力颜色的图像块上的形状特征(SIFT)所组成的形状直方图。V^c是颜色字典的维度。$Sim(\cdot,\cdot)$用于衡量两个直方图之间的相似度。目标函数的构造基于以下三个假设:(1)不同类别的有判别力颜色不同,即不同类别的有判别力的颜色直方图不相似;(2)有判别力的颜色直方图能够最大程度上保持原有图像的颜色信息,即同类别图像的颜色直方图与有判别力的颜色直方图相似;(3)有判别力的颜色对应着对象的一些区域,不同种类的对象有着不同的形状特征,每个类别的对象形状特征不相似,即这些有判别力颜色图像块上的形状特征不相似。这三个假设分别对应着目标函数中的三个项。m_i是一个离散型的数值,范围在1到颜色字典维度之间,最终公式(8-2)中的优化可以通过坐标下降法[56]求解目标函数得到。

8.3   颜色层次划分

图像的层次划分能够把图像分成不同的区域,通过分别对这些区域进行表示可以生成更加有判别力的图像表示。本章尝试把颜色作为层次划分的依据。与空间金字塔相似,本算法认为原图像属于图像的第0层。在第1层根据优化得到的有判别力颜色,把原图像中采样得到的图像块分为两部分,即有判别力的图像块集合和无判别力的图像块集合。在第2层中,把有判别力的图像块集合认为是一幅子图像,然后,根据公式(8-2)中的优化方法,得到不同类别在第2层的子图像的有判别力的颜色,并用这些颜色把第2层的图像划分为有判别力的图像块集合和无判别力的图像块集合,把这层中有判别力的图像块作为第3层的图像块。最后用这种方法把图像进行进一步划分层次,这种方法叫作颜色层次(color level,CL)图像划分方法。

如图8.4所示,图像在0层被表示为图像块的集合,通过优化得到图像的有判别力颜色,这些颜色把图像分为第1层的两部分,可以发现有判别力颜色对应的区域是花朵的或者叶片的某个部分,而无判别力颜色的部分主要对应着背景部分。在第2层中,从第1层的有判别力颜色中优化选取一部分作为此层的有判别力的颜色,把图像块又分为了两部分。

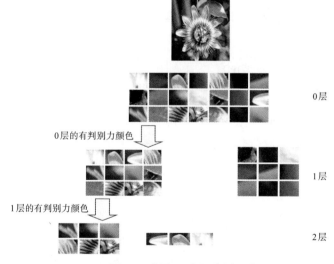

图8.4　颜色层次图像划分方法

图8.4所示颜色层次图像划分方法在每一层(层数大于1)分别对有判别力的部分和无判别力的部分进行直方图表示,并把两部分的直方图连接起来作为本层的图像表示。然后把所有层的图像表示连接起来作为最终的图像的表示。对于任意一幅图像,如果划分为 L 层,那么图像总共被划分为 $2L+1$ 个部分。图像

表示与 Dalae N 等人的论文"Histograms of oriented gradients for human detection"相似，我们假设图像属于所有 k 个类别，然后在不同类别下进行图像划分，总共得到 $k(2L+1)$ 部分。图像划分的每一部分对应着一系列的图像块，假设用于表示这些图像块的特征的维度是 h，则最终的图像表示的字典维度为 $kh(2L+1)$。以 Flower 102 为例，如果字典维度为 1000，层次数 L 为 5，则最后生成的图像维度为 $102 \times 1000 \times (10+1)=1122000$。

8.4　维度约减

从图像维度的计算方法中可以发现，CL 在处理大规模数据集的图像表示的时候，数据维度过高。如何在不影响分类准确率的情况下对数据维度进行约减是这部分的研究重点，DITC[146]聚类方法是一种重要的用于字典聚类[147]的方法，在这部分内容中本章把 DITC 聚类方法用于压缩 CL 的图像表示。

本章主要考虑的特征为颜色特征和形状特征，定义图像表示的形状颜色字典为 $W^{sc} = \left(w_1^{sc}, w_2^{sc}, \cdots, w_{V^{sc}}^{sc}\right)$，其中，$V^{sc}$ 为形状和颜色特征共同构成的字典的维度。联合分布 $p(C, W^{sc})$ 用于统计字典中每个视觉词在每类中出现的概率。类别 C 与字典 W^{sc} 的互信息用公式表示为

$$I\left(C, W^{sc}\right) = \sum_i \sum_j p\left(c_i, w_j^{sc}\right) \log \frac{p\left(c_i, w_j^{sc}\right)}{p\left(c_i\right) p\left(w_j^{sc}\right)} \qquad (8\text{-}3)$$

对字典进行聚类能够降低图像表示维度，同时也有可能降低类别与字典的互信息。为了降低互信息损失，需要使公式（8-4）尽可能小。

$$I\left(C, W^{sc}\right) - I\left(C, W^{com}\right) \qquad (8\text{-}4)$$

其中，W^{com} 为字典聚类之后的压缩字典，字典压缩之后的维度用 V^{com} 代表。公式（8-4）展开后可以写成如下形式

$$\sum_i \sum_j \pi_j p\left(c_i | w_j^{sc}\right) \log \frac{p\left(c_i | w_j^{sc}\right)}{p\left(c_i\right)} - \sum_i \sum_j \sum_{w_t^{sc} \in w_j^{com}} \pi_t p\left(c_i | w_t^{sc}\right) \log \frac{p\left(c_i | w_j^{com}\right)}{p\left(c_i\right)} \qquad (8\text{-}5)$$

其中，$\pi_j = p(w_j^{sc})$，最终互信息的损失表示为如下形式

$$I\left(C, W^{sc}\right) - I\left(C, W^{com}\right) = \sum_j \sum_{w_t^{sc} \in W_j^{com}} \pi_t KL\left(\left(p\left(C | w_t^{sc}\right)\right), \left(p\left(C | w_j^{sc}\right)\right)\right) \qquad (8\text{-}6)$$

其中，$KL(\cdot, \cdot)$ 代表 KL 距离。

聚类的数目 l，首先按照 $p\left(c_j | w_t^{sc}\right) = \max_i p\left(c_i | w_t^{sc}\right)$ 得标准把视觉词 w_t^{sc} 分配给 W_j^{com}，接下来把每个簇任意的分成 l/k 份，再通过迭代计算簇的分布 $p(C|W^{com})$ 并且

重新把 w^{sc} 分配到 W^{com} 的方式最终得到压缩字典。DITC 聚类方法的时间复杂度为 $O(W^{sc}qkt)$，其中 W^{sc} 代表初始字典的维度，q 为压缩后字典的维度，k 图像类别个数，t 为迭代次数。利用颜色进行层次划分的复杂度为 $O(V^{c2}k^3T)$，其中 T 为迭代次数，由于通常情况下 $V^{c2} >> W^{sc}$，所以最终图像表示的时间复杂度为 $O(V^{c2}k^3T)$。

8.5 实验

我们把 CL 与一些优秀的方法在 Soccer 图像库、Flower 17 图像库和 Flower 102 图像库上进行了比较，用以测试分类性能。

8.5.1 实验设计

实验通过每隔 8 个像素进行采样，每个图像块的大小是 16×16。CN 和 HUE 是两种非常出色的颜色描述子，本算法把这两种描述子连接起来形成一个新的描述子来描述图像块颜色，然后通过 K-means 聚类算法生成颜色字典用于图像的层次划分。算法连接 SIFT、CN 和 HUE 三种描述子来描述图像块的颜色形状特征，通过 K-means 聚类生成颜色形状字典。为了对图像进行基于颜色的层次划分，同时又考虑到图像集规模的不同，颜色字典的维度也不同，在 Soccer 图像集中，颜色字典的维度是 300 而在 Flower 17 图像集和 Flower 102 图像集中，颜色字典的维度是 500。在所有图像集中划分的层次数目均为 3，3 种描述子连接形成的特征聚类生成的特征字典，维度均为 1000，Soccer、Flower 17 和 Flower 102 最终的图像表示的维度为 49000，119000 和 714000。DITC 聚类用于给字典降维，最终这三个图像集的图像表示维度为 1000，2000 和 800。实验中，本章用标准的非线性 SVM 来进行分类，核函数采用交核。

8.5.2 在 Soccer 图像集上的结果

Soccer 图像集中包括了 7 个球队的 280 幅图像，每个类别中 25 幅用于训练，15 幅用于测试。在这个图像集中颜色是最主要的特征，可以有效地判断球员所在的区域。从图 8.5 所示可以发现，每一幅图像中可能同时包含属于该类别和不属于该类别的图像。利用颜色找到本类别的球员特征进行针对性的表示能够提高对象识别率。

Liverpool   AC Milan   Madrid   Chelsea   Barcelona   Juventus   PSV

图 8.5　Soccer 图像集

表8.1中所列为本章提出的算法与一些优秀算法的识别准确率的比较。早融合和晚融合是两种最常见的特征融合方式,其中并没有涉及图像的层次划分以及字典维度的约减。实验结果中可以发现,这两种图像表示方式的准确率在89%左右。空间金字塔的方法对图像进行划分,提供了空间信息,但是细胞单元的内容不能表示一个具体内容。主成分分析(principal component analysis,PCA)可以用于特征降维,CL+PCA能够取得不错的效果,但是识别率仍然比CA低。LRFF对字典进行了合理的加权,但是并没有尝试去发现对象的位置。CL方法分类准确率为95%左右,而CL+DITC的方法能够得到96%的准确率,因为DITC在对特征进行维度约减的同时合并了相似特征,使得图像的表示有更强的鲁棒性。

表8.1　在Soccer图像集上的分类结果

算法	精度
早融合[143]	88.8 ± 0.8
晚融合[143]	89.6 ± 1.0
空间金字塔	90.2 ± 0.3
CL+PCA	92.0 ± 0.8
CA[143]	93.8 ± 0.5
LRFF[148]	94.0 ± 1.1
CL	95.0 ± 1.0
CL+DITC	96.0 ± 0.9

8.5.3　在Flower 17图像集上的结果

Flower 17图像集中包含了17种花的1360幅图像,其中1020幅图像用于训练,340幅图像用于测试。图8.6所示为Flower 17图像集中的一些图像。在这个图像集中,形状和颜色对于提高识别准确率都有着重要的作用。

Windflower　　Sunflower　　Fritillary　　Iris　　Pansy

图8.6　Flower 17图像集

表8.2所列显示了本章算法与一些优秀算法的识别准确率的比较。在这些方法中空间金字塔的识别率仍然不高,这是因为空间金字塔的方法既没有识别出对象区域也没有应用一些其他的方法如注意力图或者特征加权的方法等对图

像进行针对性的表示,只是给图像提供了不够准确的空间信息,所以识别率比较低。MKL的方法通过多核学习得到不同特征之间的合理权重,CA用颜色给图像块上的形状特征加权,在图像表示的时候仍然是把采样中得到的所有图像块在同一个直方图中进行表示,即在全局对图像进行表示并没有分层,没有考虑空间关系。通过比对可以发现,CL+DITC比CA算法的分类精度提高了5%左右。GLCC通过构造不同特征的分类器进行集成学习,但是并没有考虑到不同特征之间的关系,仍然是一种全局图像表示方法。

　　需要说明的是,基于中间层挖掘的方法在Flower 17图像集中取得了不错的效果,在HoPS[41]方法采用了随机映射和数据挖掘的方法进行图像表示,利用频繁项集挖掘的方法可以发现不同特征之间的关系。本章采用了Nilsback M E等人"A visual vocabulary for flower classification"一文中的挖掘(mining)方法对压缩后的字典进行特征挖掘,这种方法利用挖掘到的有效模式代替码字构成字典,从而进行图像表示,能够有效地发现码字之间的内在联系。CL+DITC+mining的方法取得了令人满意的结果。从实验对比中可以发现,CL+DITC的方法在挖掘前后的分类结果产生了明显的变化,利用挖掘到的模式进行图像表示更能够体现出压缩字典内部特征之间的关联关系。此外Bosch A等人在"Scene classification via pLSA"一文中在采用了CNN网络提取特征之后取得了94.8%的分类准确率,而本章利用中间层特征与此方法获得了相似的结果。

表8.2　在Flower 17图像集上的分类结果

算法	精度
空间金字塔	84.0 ± 1.0
MKL[8]	85.2 ± 1.5
GLCC[51]	87.2 ± 2.2
MVL-LS-optC[58]	87.4 ± 1.3
CA[143]	88.8 ± 0.5
KMTJSRC-CG[43]	88.9 ± 2.9
LRFF[150]	91.0 ± 1.1
CL	91.2 ± 1.0
GRLF[44]	91.7 ± 1.7
CL+DITC	93.0 ± 1.0
HoPs[41]	93.8 ± 1.4
CL+DITC+mining	94.5 ± 1.0

8.5.4　在 Flower 102 图像集上的结果

Flower102图像集中包含了102种花的8189幅图像,每类中给定了10幅图像用于训练和10幅图用于验证,剩下的用于测试。图8.7所示为 Flower 102 图像集中的一些图像。在这个图像集中形状是最主要的特征,颜色是辅助特征。

| Morning Glory | Passion Flower | Hard-leaved Pocket Orchid | Antyurium | Bird of Paradise |

图 8.7　Flower 102 图像集

从表8.3所列可以发现,本章算法识别率仍然高于空间金字塔、CA 和MKL。CLC[25]通过发现局部特征之间的关系和减少噪声特征来提高分类准确率,本章的方法与CLC相比能够把图像不断细分,使得特征之间的关系更加紧密。Flower 102 图像库被认为是一个用于细粒度分类的库,找到花朵的区域非常重要,在 Elfiky N M 等人的算法"Discriminative compact pyramids for object and scene rec - ognition"中,首先对图像进行分割,通过优化发现分割块中的花朵。这与首先通过颜色来划分对象区域的算法类似,但是,与本章的算法相比,这种方法并没有考虑到特征之间的空间关系。Chiang C K 等人的论文"Learning component–level sparse representation using histogram information for image classification"中把不同种类有描述性的信息集合起来用于图像分类,本章的算法不但提取出了不同种类最有判别力的特征,还考虑到了空间特征,所以提出的算法性能更优。当只采用 CL 和CL+DITC 两种情况时,分类精度分别为73.0% 和75.2%,通过挖掘图像块之间的关联关系,可以发现图像块的关联关系,需要注意的是,挖掘出的关联性强的图像块并不一定具有类似的颜色,这在很大程度上弥补了颜色划分的局限性,所以CL+DITC+mining能够取得77.3%的分类准确率。

表8.3　在Flower 102 图像集上的分类结果

算法	精度
空间金字塔	70.5
CA[143]	70.8
CLC[25]	71.0
MKL[8]	72.8

续表

算法	精度
fine-grained[57]	76.7
Xie et al.[11]	71.5
CL+DITC+mining	77.3

8.5.5 字典维度的影响

CL+DITC 的方法可以有效地提高分类准确率,同时字典的维度对于分类准确率有着重要的影响,如果字典的维度过大,有相似特征的局部特征不能够很好地合并,同时,如果字典维度过小,不同特征的图像块会被认为相同。图 8.8 所示为 CL+DITC 方法在不同字典维度下的分类准确率,可以发现字典维度过大或者过小都会降低分类准确率。另外,由于 DITC 在不影响互信息的情况下进行字典聚类,虽然字典维度发生了变化,但是在一定范围内的分类精度变化比较平稳。

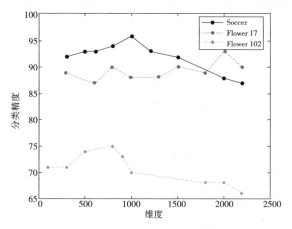

图8.8　字典维度对于分类精度的影响

8.6　本章小结

本章提出了一种基于颜色的压缩层次图像表示方法,这种方法首先通过有判别力的颜色对图像进行分层,用以为图像表示提供空间信息,但是这种颜色层次图像表示方法的表示维度会随着层次和类别的数量增加而增加。文章中采用 DITC 聚类的方法,利用类别和视觉词之间的互信息关系,在不降低分类准确率的情况下对数据维度进行约减,提高了字典的判别性,增强了图像的表示能力。通过算法实验比对,基于颜色的层次压缩表示方法在三个图像集上都能取得比较好的分类效果。此外,颜色特征的提取速度快,在未来的工作中,可以把颜色特征作为发现对象的手段并将其应用于视频监控中。

第九章　基于深度特征加权的图像表示方法

卷积神经网络可以在图像检索中为图像内容提供有效的表示。我们基于该理论提出一种基于深度特征加权的图像表示方法,此方法通过激活特征加权的方式,用于突出图像表示中对象的内容并降低背景信息的影响。首先,通过预训练卷积神经网络提取图像的激活特征,然后根据激活特征中不同通道特征映射的特点,计算出激活特征的位置重要性、区域重要性和通道重要性,并根据三种重要性对卷积特征进行加权,最后在每个通道内通过池化与特征聚合的方式生成图像表示。实验证明,与一些优秀的图像表示方法相比,我们提出的方法在Holiday,Oxford和Paris图像库中能够取得更好的检索效果。

9.1　背景知识介绍

随着计算机网络技术的发展,图像信息在网络中占据的比例日趋增大。如何有效组织、管理和检索图像资源已经成为当前一个热点问题。为提高图像检索的综合性能,研究者多从图像表示的有效性入手,将特征描述与特征聚合的方法作为突破口进行研究。

目前很多图像检索方法采用SIFT(scale-invariant feature transform),FV(fisher vector)等底层特征描述子描述图像局部特征,然后利用词袋模型BOW(bag-of-words)对图像进行编码,实现图像表示,用于检索任务。为了在图像表示中融合语义信息,Su Y等人[153]以一些特殊的颜色、形状和材料等为基本元素,将图像表示为这些基本元素的集合,但是这种方法不能准确地描述所有物体的特征。随着Krizhevsky A等人[154]工作的问世,卷积神经网络(convolutional neural networks,CNNs)凭借其接近于语义的表示图像能力,逐渐成为图像分类、检索等领域的主流算法。

传统的CNNs模型包含一系列卷积层、池化层和两个全连接层,最后一层为输出层用于输出属于所有类别的概率,然后通过softmax的方式选择出所属类别。现实中的图像检索有别于图像分类,无法对神经网络进行训练,所以,多采用从预训练CNNs的不同层次提取的卷积特征对图像进行表示,然后通过计算查询图像与其他图像的相似度,生成检索排序结果。如何对卷积特征合理加权从而突出对象内容,并将加权特征进行聚合生成图像表示是目前的研究重点之一。

在Babenko A等人[157]与Razavian A S等人[61]的研究中,最早提出了通过聚合不同响应的方式进行图像表示,这些研究的主要内容在于通过合理利用最大池化、归一化与白化方法,聚合不同通道特征映射的响应用于产生低维度的图像表示。随后,Tolias G等人[158]通过将不同通道中局部区域的最大激活值进行聚合,从而生成突出对象内容的图像表示。Babenko A与Lempitsky V[159]提出的SPoC (sum-pooled convolutional)方法通过给图像中间区域赋予高权值的方法与和池化的策略来表示图像内容,从而提高检索准确率。Kalantidis Y等人[160]通过聚合空间响应和计算通道的稀疏性来计算空间权重和通道权重,然后通过和池化方式对每个通道上的描述子进行聚合。

Ng Y H等人[161]在研究中发现,通过对不同层次的卷积特征进行聚类生成字典,然后采用局部聚合描述子向量(vector locally aggregated descriptors, VLAD)的方式进行编码能够生成更加合理的特征表示。但是,用聚类生成的字典作为特征表示容易忽略不同特征的内在差异,且聚类结果的不稳定性会直接影响特征表示的准确性。此外,聚类产生的字典无法在图像表示中突出对象内容并且弱化背景内容。与此不同的是,研究者们认为CNNs的最后一个池化层和卷积层的特征能够包含更高级的语义信息,且采用卷积特征加权的方法可以有效地突出对象内容,所以图像检索中普遍采用将最后一层的激活特征的池化结果用于生成图像表示。

Wei X S等人[162]将特征映射累加求和生成激活映射,将激活映射中大于阈值的位置认为是对象区域,但是,阈值通常认为是激活映射中响应平均值,这种根据经验阈值来判断对象区域的方法也无法准确突出对象内容。为此,在Kalantidis Y等人的论文"Cross-dimensional weighting for aggregated deep convolutional features"和Wei X S等人的论文"Selective convolutional descriptor aggregation for fine-grained image retrieval"的基础上,我们提出一种全局化的深度特征加权(deep feature weighting, DFW)图像表示方法,DFW利用预训练CNNs,通过计算图像卷积层特征的位置重要性、区域重要性和通道重要性给卷积特征加权,并通过聚合、池化的方法生成图像表示。

我们提出的DFW图像表示方法流程如图9.1所示,对于任意输入图像,首先提取出最后一个池化层的所有特征映射,然后通过计算特征映射的空间权重、区域权重和通道权重对卷积特征进行加权,并通过特征聚合生成图像表示。

与已有图像表示方法相比,本文提出的方法主要有以下优点:(1)给卷积特征加权能够突出对象内容,从而进行更有针对性的图像表示;(2)图像的剪切与尺度变换会改变特征之间的空间关系,通过卷积层特征聚合的方式进行图像表示可以避免图像纵横比设置带来的空间特征影响;(3)特征池化的方法能够保证生成低维度的图像表示。

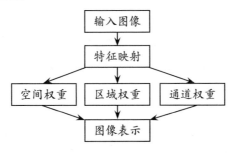

图9.1　图像表示流程

在提出的DFW图像表示方法中,令$x \in R^{(K \times W \times H)}$为CNN中第$l$层生成的三维特征张量,其中$K$代表通道的数量,$H$和$W$分别代表该层次特征映射的空间维度,即特征映射的长和宽。x中第K个通道的特征映射,在(i,j)位置的响应值用x_{kij}来表示,用$C^{(k)}$表示x中通道k特征映射的矩阵表示,$C_{ij}^{(k)} = x_{kij}$,x的加权特征表示为x',计算法方法如下:

$$x'_{kij} = \alpha_{ij}\beta_{ij}\gamma_k x_{kij} \qquad (9-1)$$

式中,α,β,γ分别代表位置权重、区域权重和通道权重,加权过程如图9.2所示。

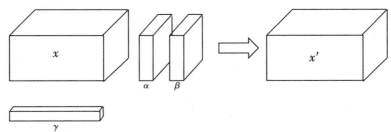

图9.2　卷积特征的加权

9.2　位置权重

卷积特征映射的响应聚合对于发现对象区域有着重要的作用,令 $S' \in R^{(W \times H)}$ 为同层中所有通道每个位置的空间特征聚合之后产生的激活映射,用公式2表示为

$$S' = \sum_k C^{(k)} \tag{9-2}$$

Bakenko A 等人的论文“Aggregating local deep features for image retrieval”根据图像库中对象位置普遍存在于图像几何中心的特点提出了一种中心优先的特征加权方式,这种方式给临近几何中心的特征赋予较高的权值,而给远离几何中心的区域赋予较小的权值。但是,通常情况下对象出现在图像中某一个或多个连续区域,并且分布于图像的不同区域,所以物体应该有多个中心。特征聚合之后的特征映射中,响应值越高的位置越有可能是对象所在的位置。为此,我们将响应值最高的前 m 个位置作为中心点,假设一个中心点为 $c(c_x, c_y)$,图像中任意位置相对于 c 的位置的高斯权重为

$$\alpha_{c_x c_y ij} = \exp\left\{-\frac{(i - c_x)^2 + (j - c_y)^2}{2\sigma^2}\right\} \tag{9-3}$$

参数 σ 与特征映射的长和宽有关,文中采用了与文献 Aggregating local deep features for image retrieval 相同的设置,即 $\sigma = 1/3 \cdot \min(W, H)$。通过计算位置 a 相对于所有中心点的位置权重,并选择出其中的最大值作为 a 的位置权重 α_y。在实验部分,我们将通过高权值位置感受野的对比,验证此算法比 SPoC 的中心优先方法能够更准确地发现对象区域。

9.3　区域权重

s' 中的任意位置对应着原图像中的某个部分,发现 s' 中表示对象内容的粗略区域,对于图像表示中的特征合理加权有着重要意义。对象区域可以依靠从 s' 中选择的一些大小相同的区域进行表示。首先,在 s' 中进行 l 尺度上的密采样,将 s' 划分成不同的区域,采样点之间间隔的像素间隔为 $l/2$,采样得到的区域边长为 $4l, 1 \leq l \leq \min(W, H)$。采样过程如图9.3所示,其中采样区域的矩形边长为 l,星形为采样中心。

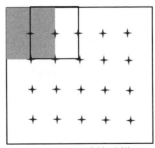

图9.3　区域的采样

不同的区域对于描述对象特征有着不同的重要性,同时算法认为相同区域内的激活特征对于描述图像特征有着相同的重要性。区域内响应的重要性决定着区域的重要性,区域R的区域重要性可依据公式进行计算,计算方式为

$$\beta_R = \left(\frac{\frac{1}{n} \cdot \sum_{p' \in R} S_{p'}}{\left(\sum_{p \in \Omega} S_{p'}^{\,a} \right)^{\frac{1}{a}}} \right)^{\frac{1}{b}}$$ (9-4)

公式(9-4)中的参数$a = 0.5$,实验发现b的选择对于检索结果影响非常小,此处设置$b = 2$。n为区域R中的响应个数,Ω代表特征映射中所有位置的集合。区域重要性分析中将每个区域认为是一个整体,即区域R中每个位置响应的区域重要性都为β_R。由于每个位置可能会包含在多个区域当中,所以s'中任意位置$a(i,j)$的区域重要性β_{ij}为包含此位置的所有区域的重要性的平均值。

9.4　通道权重

通道重要性即同一个层次中,不同通道的激活在图像表示时的重要性。通道中非0元素所占比例越大,对于对象的描述能力越弱[160]。对于任意通道k,用Q_k代表该通道特征映射中非0元素的比例。特征映射中的0元素表示对卷积核无响应,Q_k越小则通道k对于某类特征的描述越精确。

$$Q_k = \frac{1}{W_k H_k} \sum_{ij} M_{ij}$$ (9-5)

其中,

$$M_{ij} = \begin{cases} 1 & if \quad x_{kij} \geq \lambda_k \\ 0 & if \quad x_{kij} < \lambda_k \end{cases}$$ (9-6)

我们将2倍的平均响应值 $\lambda_k = 2 \cdot \sum_{ij} x_{ij} / W_k \cdot H_K$ 作为是否为非0元素的判断标准。0元素的判定取决于当前位置的响应值是否大于阈值,如果小于阈值即为0元素,反之即为非0元素,设置为1。对比单纯的按照响应值是否为0的判断,通过阈值判断并用于统计非0元素的方法更能体现当前位置在本通道特征映射中的重要性。最终通过不同通道非0元素的统计计算通道权重,计算方法为

$$\gamma_k = \exp\left(-\frac{\sum_{i=1}^{K} Q_i}{Q_k} \right) \tag{9-7}$$

9.5　实验

我们把DFW与一些优秀的方法在INRIA Holiday图像库、Oxford Buildings图像库和Oxford Buildings 100K图像库上进行了检索比较用以测试性能。

9.5.1　实验设计

对于Oxford图像库,由于用于查询的图像已经标识出了对象区域,所以在查询的时候用标识的区域作为图像的输入,同时本章采用平均精度均值(mean average precision, MAP)来衡量检索的效果,该指标是针对查询集合的平均正确率的均值,是反映系统在全部相关文档上性能的单值指标,MAP值越高,系统检索出来的相关文档越靠前。为了与Tolias G等人的论文"Particular object retrieval with integral max-pooling of CNN activations"提出的方法进行比较,本章采用与该文献一样的网络结构与参数,即预训练卷积神经网络VGG16[166]。由于深层次的卷积和池化特征能够包含更多的语义信息,所以我们将pool5层的激活作为基础,通过特征加权与池化的方式生成最终的图像表示。区域权重计算过程中,尺度 l 的取值分别为3,4,5。算法采用余弦相似度衡量查询图像与图像库中其他图像之间的相似性,并按照相似性从高到低的顺序排列查询结果。查询扩展(QE)能够有效地提高检索性能,我们采用前 $N = 5$ 个查询到的图像特征进行平均池化与L2归一化,并在生成的图像表示基础上进行二次查询与排序。与一些图像表示方法不同,我们的算法在图像表示的时候不需要改变图像的比例,可在实验中保持了图像的原有特性。此外,由于pool5层的特征映射维度为256,生成的图像表示也为256。

9.5.2　检索性能分析

表9.1中所列展示了DFW、DFW+QE两种方法与其他优秀的图像表示方法在不同测试集上的检索性能比较。通过比较可以发现,Tr.Embedding[167]方法的

MAP值最低,原因在于该方法采用人工特征SIFT作为局部描述子,通过局部特征聚合生成图像表示,而其他算法与此不同,它们均将卷积特征用于图像内容的描述,能够生成更接近语义的图像表示。与DFW相同,Neural Codes[157]同样采用预训练网络提取图像特征,但由于图像在输入网络之前进行了尺度变换,将图像的长宽设定为同样的固定长度,破坏了图像局部特征之间的结构关系,同时,文中没有给不同位置的特征加权,所以,检索性能要低于DFW。R-MAC[158]通过多尺度采样的方式将图像划分为若干区域(region),并选择一些区域进行特征聚合生成图像表示,这种方法可以认为是一种特殊的特征加权方法,即被选择的区域权重为1,其他区域权重为0。背景信息在图像检索中也有一定意义,DFW是给所有特征加权,并没有去掉背景信息,增强了图像的全局表示能力。Spatial Pooling[168]将特征映射平均划分为若干细胞单元(cell),在不同细胞单元内通过最大池化的方法提取特征,该方法类似于DFW中的中心点计算方法,但是,Spatial Pooling的方法中,每个中心点必须在不同细胞单元之内,而DFW则没有此限制,可以更加灵活的发现中心点。此外,SPoC采用了中心特征赋予较高权值的方法,这种方法在一定程度上突出了中心区域的特征,但是由于对象可能出现在图像的任意位置,中心加权的方式在处理某些图像的时候会给背景赋予较大权值。DFW采用了多中心的特征加权方式,以最大响应位置为中心,同时通过与中心的距离关系计算位置重要性,能够更加准确地发现对象区域。

表9.1 DFW与其他算法MAP的比较

算法	维度	Paris	Oxford5k	Oxford5k+Ox-ford 100k	Holiday
Tr.Embedding[167]	512	-	-	-	0.700
Neural Codes[157]	512	-	0.435	0.329	-
R-MAC[158]	512	0.830	0.669	0.616	-
Spatial Pooling[168]	256	0.670	0.533	-	0.742
SPoC[159]	256	-	0.657	0.642	0.784
SSDH[169]	512	0.839	0.638		
RVD-W[170]	512	-	0.675	-	0.845
Radenovi'c 等人[171]	512	0.755	0.677	0.606	0.837
CroW[160]	256	0.765	0.684	0.637	0.851
CroW+QE	512	0.848	0.749	0.706	-
DFW	256	0.801	0.721	0.725	0.865
DFW	512	0.823	0.751	0.736	0.876
DFW+QE	512	0.867	0.776	0.748	0.887

CroW 在特征加权的时候考虑到了位置重要性和通道重要性,其中位置重要性主要由激活映射来决定,并没有考虑到不同响应之间的位置关系以及相邻响应之间在对象区域发现中的相关性,DFW 考虑到近邻响应在图像区域位置的表示时应该有相似的作用,在考虑了位置重要性的基础上加入了区域重要性,使得近邻位置响应的加权更加合理。此外,CroW 在计算通道权重的时候将响应值是否为 0 作为稀疏性的判断标准,与此类似,在显著性图的显著区域发现问题中,通常将 2 倍的平均显著性值作为 0 元素判断标准,DFW 将 2 倍的响应平均值作为 0 元素判断标准能够更加准确地给对象区域赋予较高权值。通过实验比对可以发现,DFW 的 MAP 值比 CroW 高出了 2%。

通常情况下,图像表示维度越高,对于图像内容的刻画越准确,从表 9.1 中可以发现,DFW 在维度为 256 的时候,MAP 值要高于 Spatial Pooling、SPoC、CroW。当采用 Conv5-3 层提取深度特征的时候,DFW 在维度为 512,而且 MAP 有了进一步的提升。查询扩展可以为查询提供更加准确的描述,实验中将首次查询结果的前 5 幅图像特征表示平均池化与归一化后的结果与原图像进行合并。从表中可以发现 CroW 和 DFW 算法在添加了查询扩展之后,MAP 都有了显著提升。

表 9.1 中所列有监督的图像检索方法,SSDH(Semi-Supervised Deep Hashing,半监督深度哈希)、RVD-W(Robust Visual Descriptor with Whitening,白化的鲁棒视觉描述子)和 Radenovi′c 等人在论文"Fine-tuning CNN Image Retrieval with No Human Annotation"中提出的方法将图像集中的一部分作为训练集,通过设计损失结合反向传播算法对网络参数进行更新,从而达到更好的检索性能。通过实验结果比对可以发现,我们的算法在维度相同的情况下检索性能优于这些算法。

9.5.3　对象可视化分析

图 9.4 所示为 DFW+QE 的图像检索结果,图中最左边一列的图像为查询图像,其余的图像为 Top5 的检索结果,其中方框标识出的区域为标准查询中提供的对象所在位置。从查询结果可以发现,该方法对于光照和对象的角度有着比较好的鲁棒性。此外还可以发现,检索结果中图像的背景特征不一致,该方法对不同背景信息有着较好的鲁棒性。其原因主要在于 DFW 给图像表示中对象的特征赋予了较高的权值,而给背景特征赋予了较低的权值,所以在和池化的特征聚合过程中,对象的特征占据了主导因素,使得图像表示更有针对性。

图 9.4　DFW+QE 的检索结果

　　SPoC 依据图像库中的普遍规律给图像中心区域赋予较高权值,而边缘区域赋予较低权值。而 DFW 则通过发现聚合特征映射中的高响应区域判断对象位置。图 9.5 展示了 SPoC 与 DFW 位置重要性在发现对象区域上的区别,图中左侧为原始图像,右侧第一行与第二行分别为 SPoC 与 DFW 位置重要性高权值部分对应的感受野。两种算法在特征映射权重最高的前 20 个位置中随机选择了 5 个位置并显示出这些位置对应的感受野。通过对比可以发现,由于原始图像中对象的位置均没有处于图像的中心位置,SPoC 将高权值赋予了背景上的特征,而 DFW 的位置重要性则赋予了对象区域。

SPoC 前 5 个最高位置重要性对应的感受野

DFW 前 5 个最高位置重要性对应的感受野

（a）原始图像　　　　　（b）

图 9.5　SPoC 与 DFW 位置重要性对比

区域权重计算的本质是根据对象出现的连续性特点，判断不同区域对于表示对象内容的重要性。如果 l 过大，会导致特征映射中采样区域对应原始图像中的范围过大，不利于对象区域的发现，如果 l 过小，赋权值的过程中不能体现出区域的整体性。实验中，我们对 l 的取值进行了三组测试，即 $\{1,2,3\}$、$\{3,4,5\}$ 与 $\{5,6,7\}$，并发现当取值为 $\{3,4,5\}$ 的时候取得了最好的检索效果。

9.6　本章小结

本章提出的 DFW 图像表示方法，同时考虑了激活特征的位置重要性、区域重要性和通道重要性，使得生成的图像表示能够准确地体现对象的特征。DFW 利用预训练卷积神经网络提取图像特征，在不需要改变图像尺度的情况下，生成了低维度的图像表示。在图像检索的任务中，DFW 得到的结果精度比一些优秀的算法高 2% 左右。在未来的研究中，我们将研究如何构造基于深度加权特征的图像哈希算法，用于提高检索速度。

第十章 基于多中心卷积特征加权的图像检索方法

深度卷积特征能够为图像内容描述提供丰富的语义信息,为了在图像表示中突出对象内容,结合激活映射中较大响应值与对象区域的关系,提出了基于多中心卷积特征加权的图像表示方法。首先,通过预训练深度模型提取图像卷积特征;其次,通过不同通道特征映射求和得到激活映射,并将激活映射中有较大响应值的位置当作对象的中心;再次,将中心数量作为尺度,结合激活映射中不同位置与中心的距离为对应位置的描述子加权;最后,合并不同中心数量下的图像特征,生成图像表示用于图像检索。与和池化卷积(sum-pooled convolutional, SPoC)算法和跨维度(cross-dimensional, CroW)算法相比,提出的方法能够为图像表示提供尺度信息的同时突出对象内容,并在 Holiday、Oxford 和 Paris 图像库中取得了良好的检索结果

10.1　背景知识介绍

在互联网技术高速发展的今天,基于内容的图像检索越来越受到人们的关注。图像检索过程主要分为图像表示阶段、过滤阶段、二次重排序阶段。图像表示阶段主要通过对图像的局部或者全局特征的加工生成代表图像内容的向量。过滤阶段用于计算待查询图像与图像库中所有图像的相似度,并按照相似度排序返回查询结果。二次重排序阶段主要用于对返回的相似度高的结果再次提纯。图像内容表示的优劣直接决定着图像检索的性能,因此长久以来为研究者所重视。

词袋模型(bag of words, BoW)在相当长的一段时间内成了图像检索问题的主流算法。算法的成功主要取决于局部不变性特征[6]与大规模的字典训练[177]。在随后的工作中,局部特征匹配、空间特征的引入以及局部特征描述子的选择成了图像检索领域的热点问题。

随着深度学习算法在 ImageNet 挑战赛图像分类任务中取得了优秀的结果,

以深度学习为基础的算法在对象识别、语义分割等众多计算机视觉领域得到了广泛的应用。利用卷积神经网络(convolutional neural network, CNN)提取多层次特征,并用激活特征向量作为图像表示的方法在图像检索领域逐渐成为主流。与图像分类任务不同,图像检索没有训练集的参与,所以通常情况下直接采用预训练网络对图像特征进行提取。一些算法尝试通过对象区域的发现,从而生成有针对性的图像表示。Tolias等人[158]提出了通过图像子区域对图像进行编码的方法,由于激活映射中的最大值位置通常对应着对象区域,所以算法将不同尺度的图像子区域特征用该区域在不同特征映射内的极大值池化结果来表示。卷积特征映射中,响应值高的区域更有可能是对象区域,所以,依据响应值对卷积层激活加权的方式可以在图像表示的过程中更加突出对象内容。但是,极大池化的方法无法准确刻画出对象区域。Babenko A与Lempitsky V等人[159]提出的跨维度(cross-dimensional, CroW)算法利用对象通常出现在图像几何中心的特点,将靠近中心的局部特征赋予较高权值,并将加权的局部特征进行聚合用于生成压缩的图像特征。但是,这种方法并没有选择出对象的特征,生成的图像表示仍然是全局表示方法。Wei X S等人[162]首先发现对象的粗略区域,并将区域内深度特征进行聚合用于图像的细粒度检索问题。此方法将激活映射响应的均值作为图像区域的判断标准,所以,无法准确发现对象区域。其次,算法将激活映射内大于均值位置在不同特征映射中的响应当作对象特征描述子,并没有尝试区分不同响应在对象描述中的重要性。

卷积层激活特征的池化可以将局部特征进行有效合并,生成较低维度的图像表示,一些算法从图像的全局表示出发,尝试利用不同的特征聚合方式进行图像表示。Azizpour H等人[186]提出卷积层的激活在极大池化后的结果能够生成非常有效的图像表示。在随后的工作中,Babenko A与Lempitsky V等人提出对经过白化处理的图像进行表示,使用卷积特征的和池化(sum pooling)比极大池化(max pooling)有更好的检索效果。

与以上方法不同,Kalatidis Y等人[160]的跨维度(Cross-dimensional, CroW)算法提出了卷积层激活的空间权重和通道权重的计算方式,用在为可能出现的对象区域赋予高权值。然而,空间权重的计算方式只考虑了激活映射中不同位置响应的重要性,没有考虑到不同位置特征映射之间的关系。图像中的对象通常是多个位置组成的连续区域,将不同位置之间的近邻关系融入权重的计算中,对于图像内容的合理表示有着重要的意义。卷积特征的高响应值位置在这些工作中用于发现原图像中的对象区域,但是如何将多个高响应值位置之间的关系融入对象的深度特征加权中仍然没有得到解决。

本文提出了基于多中心的卷积特征加权(multi-center based Convolutional feature weighting, MCFW)方法,这种方法根据对象区域的连续性特点,从激活映射中选取一些高响应值位置作为中心,通过计算其他位置与中心点的距离来给所有位置的深度特征描述子赋权值。图像表示的流程如图10.1所示。首先,提取最后一个卷积层的激活;其次,对激活内不同通道的特征映射进行求和获得激活映射;再次,从激活映射中选择出响应值高的一些位置作为中心,将不同位置的高斯权重与尺度权重作为激活中对应位置描述子的权重;最后,通过加权特征的池化生成图像表示。

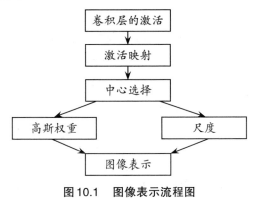

图10.1　图像表示流程图

10.2　多中心特征加权

由于深层卷积特征拥有更接近于语义的特征描述,所以利用最后一个卷积层特征进行图像表示的方法在图像检索中得到了广泛的应用。图像I通过预训练卷积神经网络,在最后一个卷积层生成了C个高和宽分别是H和W的特征映射S,对应卷积层的激活为三维张量T,其包含$H \times W \times C$个元素。描述子d是特征映射中任意位置在T中对应的C维向量。

不同通道卷积特征映射的叠加对于发现对象区域有着重要的作用,将C个卷积特征映射S叠加后生成T的激活映射A为

$$A = \sum_{n=1}^{C} S_n \tag{10-1}$$

式中,$A \in R^{(W \times H)}$。在A中任意位置的响应值越大,此位置对应的图像I中的区域越有可能是对象的区域。

为了在激活映射中突出对象所在的位置,算法在A中选择了前N个响应值最大的位置$P = \{P_1, P_2, \cdots, P_N\}$作为中心,其中$P_k$的位置在$A$中对应的坐标为$(x_k, y_k)$,则$A$中任意位置$(x, y)$对应$P_k$的高斯权重为

$$\alpha_{kN}(x, y) = \beta_{kN} \exp\left\{ -\frac{(y - y_k)^2 + (x - x_k)^2}{2\sigma^2} \right\} \tag{10-2}$$

式中,β_{kN}为P_k响应值在A中归一化后的结果。与Babenko A等人的论文"Aggregating local deep features for image retrieval"相同,σ的值为中心点到激活映射最近边界的1/3。计算任意位置相对于所有中心的权重,并选择其中的最大值作为N中心情况下,则当前位置对应描述子的权重为$\alpha_{kN}(x, y)$。

空间金字塔将图像划分为大小相同的细胞单元(cell),并对不同尺度细胞单元内的特征进行表示,从而给图像表示提供多尺度的空间信息,空间金字塔的层次越高,对应的特征权重越大。受此方法启示,我们将中心的数量N作为划分尺度的标准,那些在较少中心情况下获得高权值的位置更有可能对应着对象区域。这样,尺度权重表示为

$$L_N = \exp(-N) \tag{10-3}$$

最终,N中心情况下的特征加权为

$$w_N(x, y) = a_{kN}(x, y) L_N \tag{10-4}$$

10.3   图像表示

通过使用$w_N(x, y)$对T中描述子$d(x, y)$加权,可以反映出当前位置的描述子对于描述对象特征的重要性。与Wei X S等人的论文"Selective convolutional descriptor aggregation for fine-grained image retrieval"相同,我们通过设置阈值的方法选择一些描述子用于图像表示。

$$w_N'(x, y) = \begin{cases} w_N(x, y) & if \quad w_N(x, y) > \gamma \\ 0 & if \quad w_N(x, y) \leqslant \gamma \end{cases} \tag{10-5}$$

式中,阈值γ为A中所有位置权重的平均值。在N中心情况下的图像表示为加权描述子的和池化,公式为

$$\varphi_N(I) = \sum_{x=1}^{H} \sum_{y=1}^{W} w_N'(x, y) d(x, y) \tag{10-6}$$

最终的图像表示为不同中心数量情况下图像表示的连接。假设选择了M组不同的最大激活中心数量,则最终图像表示的维度为MC。

10.4　实验

10.4.1　实验数据

数据集 1 是 INRIA Holiday 图像集[163]，此图像集主要由一些私人的假期照片组成，共包含 500 种场景或物体，共 1491 幅图像，其中每组图像的第一个作为查询，其他的作为查询结果。

数据集 2 是 Oxford5K 图像集[177]，包含从 Flickr 上找到的 5062 幅牛津地标性建筑的图像，共有 11 种地标，每种地标中选出 5 个作为查询。此外，Oxford105K 图像集[177]在 Oxford5K 的基础上又增加了 100 071 幅图像作为干扰图像。

图像库 3 是 Oxford Paris 图像集[165]，共收集了 Flickr 中 6412 幅巴黎地标性的建筑，如凯旋门和卢浮宫等。需要注意的是建筑物可能出现在图像的任意位置。

10.4.2　实验设计

在 Oxford 5K、Oxford 105K 与 Oxford Paris 图像库中，查询图像的对象区域已经给定，实验中采用标准的方法，即把裁剪后的图像作为神经网络的输入用于提取特征。对于 Holiday，Oxford5K，Oxford105K 和 Oxford Paris 图像库，实验采用平均精度均值（mAP）来衡量检索的性能。与 Philbin J 等人的论文"Lost in quanti-zation: Improving particular object retrieval in large scale image databases"和 Jeggou H 等人的论文"Hamming Embedding and Weak Geometric Consistency for Large Scale Image Search"中的方法相同，本文以预训练 VGG16 模型为基础，用于提取图像深度特征。随着模型层次的深入，卷积层特征拥有更好的语义表示能力，所以实验选择最后一个卷积层的激活用于特征加权以及图像表示。实验中，选择的划分尺度及中心数量分别为 1,2 和 3 三种尺度。图像表示的维度为 1536。算法采用欧氏距离衡量图像之间的相似性。查询扩展（QE）能够有效地提高检索性能，对于查询图像按照 MCFW 方法进行检索，将第一次查询的结果按照相似性从高到低排序，将最相似的前 5 个查询结果的图像表示进行平均池化与 $L2$ 归一化，并将其作为二次查询的输入，与所有图像进行相似度计算，并按照相似性进行排序。

图 10.2 所示为 Paris 图像库中不同最大激活组数 M 对应的 mAP，从图中可以发现，随着最大激活组数的增加，平均精度均值也随之增加，当组数为 4 的时候 mAP 达到最大值。此外，图中不同曲线对应着 VGG16 模型中不同卷积层特征通过 MCFW 方法得到的 mAP，由于深层次的卷积层特征拥有对图像更好的语义描述，利用 conv5-3 层的特征得到了最好的检索结果。

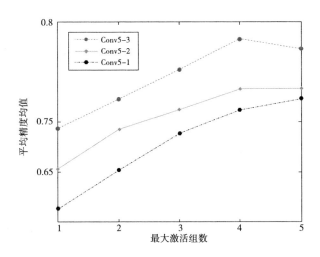

图10.2 不同最大激活组数下Paris图像库mAP的比较

表10.1所列为MCFW与其他算法在图像库中检索结果的mAP值比较。可以发现在不采用QE的情况下,MCFW在所有图像库中都取得了令人满意的检索效果。SPoC利用对象通常情况下出现在图像几何中心的特点,将高权值赋予几何中心的特征,远离中心的特征则赋予了较低的权值。图像中对象位置的不确定性导致其检索性能低于MCFW。与MCFW相似,CroW通过发现卷积层激活映射的响应值大小来确定对象位置,但是,这种方法没有考虑到对象区域的连续性特点,所以,单纯依靠响应值的CroW方法无法给对象区域赋予合理权值。由于CroW考虑到了同层次中不同特征映射在求和过程中的重要性比对,所以仍然取得了优秀的结果。增加QE可以显著提高检索性能,通过实验比对可以发现,在同时增加QE的情况下,MCFW的结果仍然优于CroW。

表10.1 MCFW与其他算法mAP的比较

算法	Paris	Paris+Oxford 100k	Oxford5k	Oxford105k+ Oxford 100k	Holiday
Neural Codes[157]	—	—	0.435	0.329	—
R-MAC[158]	0.830	0.757	0.669	0.616	—
Razavian et al.[168]	0.670	—	0.533	0.489	0.716
SPoC[157]	—	—	0.657	0.642	0.784
CroW[160]	0.765	0.691	0.684	0.637	0.851
CroW+QE[160]	0.848	0.794	0.749	0.706	—
MCFW	0.782	0.715	0.657	0.610	0.871
MCFW+QE	0.857	0.815	0.763	0.753	0.893

图10.3所示为MCFW在Paris图像库中不同查询对应的前5的检索结果。从检索结果中可以发现，MCFW提取出的图像特征对于不同角度和光照下的图像表示有较好的鲁棒性，此外，由于MCFW对象的中心选择不依赖于图像的几何中心，所以检索结果中许多对象的中心点并不在图像的中心。

图10.3　MCFW在Paris图像库中的检索结果

图10.3中所示为前5的查询结果，图像查询中的对象区域用绑定框标出。

10.5　本章小结

本章基于卷积层激活映射的特点，提出了基于多中心的卷积特征加权方法MCFW，此方法将激活映射中较大响应个数定义为尺度，并将这些响应的位置作为中心点，通过高斯加权的方式对激活中的描述子进行重要性分析。然后，通过特征聚合生成图像表示，用于图像检索。此算法在一些图像检索任务中取得了令人满意的结果。在未来的工作中，我们将设计将基于特征加权的图像表示方法融入图像哈希算法中，用于提高检索性能与速度。

第十一章 基于多尺度特征映射匹配的图像表示方法

在卷积神经网络模型中,从特征映射中提取出的深度特征可以用于表示图像内容。空间金字塔池化方法将空间信息融入深度特征的生成过程中,最终生成的图像表示可以有效地用于提高图像检索性能。但是,空间金字塔池化方法采用不同尺度的滑动窗口在不同通道特征映射的全局范围内进行采样,导致生成的图像表示中不同维度之间描述的信息存在重复且相同维度描述的图像内容不匹配。本章提出了一种基于多尺度特征映射匹配(multi-scale feature map matching, MFMM)的图像表示方法。此方法首先利用深度特征的方差与协方差矩阵提出了一种特征映射选择算法,用于增强图像表示中不同维度特征的独立性;其次,依据相同通道特征映射中高响应值位置有较高匹配性的特点,结合激活映射中最大响应位置的深度特征提出了一种优化的特征映射中心点选择方法;最后,按照不同的中心点通过多尺度窗口采样的方式,从特征映射中提取出带有空间信息的深度特征用于表示图像内容。实验结果表明,提出的方法在图像检索任务中能够取得良好的效果。

本章主要内容安排:11.1 节简要介绍了深度图像表示中的空间问题;11.2 节介绍了特征映射中的高响应匹配;11.3 节介绍了提出的多尺度特征映射池化图像表示方法;11.4 节的实验用于证明图像表示在图像检索中的有效性;11.5 节为本章的总结。

11.1　背景知识介绍

提取出有效的特征描述子对于图像检索有着重要的意义,传统的计算机视觉任务通常采用 SIFT 和 HoG 等人造特征描述子来描述局部特征,然后通过词袋模型(BoW)或者局部聚合描述子向量(vector of locally aggregated descriptors, VLAD)[193]的方法对描述子进行编码,用于生成图像表示。人造特征的构造通常依赖于局部的梯度以及统计信息,包含有较少的语义信息,因此,限制了对于图像的表示能力。

近些年,深度学习的出现使得计算机视觉领域有了突飞猛进的发展。以卷积神经网络(CNNs)为代表的深度模型在图像分类、图像分割和图像显著性分析等方面得到了广泛应用。由于CNNs的训练通常在海量数据集中完成且训练集包含丰富的样本种类,使得CNNs在描述对象特征方面可以包含更多的语义信息。

利用CNNs解决图像检索问题的方法有很多种,从网络参数调整的角度可以分为两类。第一类方法主张采用预训练网络直接提取图像特征。第二类方法类似于图像分类,将检索图像集的一部分作为训练集,通过损失函数和反向传(back propagation,BP)算法更新网络参数,从而生成更加符合检索图像集特征的图像表示,用于提高检索精度。由于在现实环境中的图像检索问题不存在训练集,因此,本文将研究重点放在了基于预训练网络的图像检索问题上。Babenko A等人[157]首先提出将原本用于图像分类任务的CNNs用于图像特征提取。算法将图像输入预训练网络,并将得到的激活特征用于图像表示。Tolias G等人[158]将深度网络最后一个层次中每个特征映射的最大响应值连接起来作为图像表示。这些图像表示方法都有效地提高了图像检索性能。

对象内容的准确描述对于图像表示有着重要的意义。Babenko A等人[159]认为对象通常处于图像的中间,因此,在提出的SPoC(sum-pooled convolutional)方法中将特征映射的中间区域赋予了较高权值。Kalantidis Y等人[160]中提出的空间权重在给对象内容赋予较高权值的同时为图像表示提供了空间信息。Pan Xingang等人[200]提出的空间卷积神经网络(spatial convolutional neural networks,SCNN)将图像划分为切片,从而增加空间信息,并用于分析交通场景。Kalantidis Y等人的论文"Cross-dimensional weighting for aggregated deep convolutional features"和Pan Xingang等人的论文"Spatial as deep: Spatial cnn for traffic scene under - standing"中的图像表示方法可以在突出对象内容的同时刻画对象特征之间的空间关系。但是,这些方法都没有考虑到不同尺度下特征之间的空间关系对于图像表示的影响。He Kaiming等人[201]提出的空间金字塔池化方法把图像划分为不同尺度且不重合的容器(bin),在每个bin中通过池化生成唯一的特征,从而将不同大小图像映射为相同维度的图像表示,并将不同尺度下的池化结果作为空间信息融入图像表示中,此方法被应广泛地应用于图像分类任务中。Zhao Wanging等人[202]提出的空间金字塔哈希方法(spatial pyramid deep hashing,SPDH)将空间金字塔池化与二进制激活函数的局部连接层输出相结合,生成图像哈希表示用于图像检索。此方法在预训练网络基础上采用训练图像更新了权重参数,在增加图像空间信息的基础上提高了检索性能。

He Kaiming 等人的论文"Spatial pyramid pooling in deep convolutional networks for visual recognition"和 Jose A 等人的论文"Pyramid Pooling of Convolutional Feature Maps for Image Retrieval"提出的空间金字塔池化方法首先采用大小不同的滑动窗体对特征映射进行采样,生成不同的bin,并将每个bin中的响应值进行池化作为bin的特征描述,最后将不同尺度下所有的bin的特征描述连接在一起生成融合空间特征的图像表示。此方法通过不同尺度bin的采样,将局部特征进行聚合,bin越大采样的范围越广,因此可以为图像表示提供不同尺度的空间信息。

空间金字塔池化方法中,特征相似性计算本质为局部特征的匹配,即两幅图像通过匹配特征映射中相同bin中的特征,从而确定相似性。该方法按照一定尺度的窗口,将特征映射划分为子区域,这个子区域的范围被认为是一个bin。但是,空间金字塔池化通过密采样的方式生成bin,导致相同通道内相同位置的bin往往对应着图像的不同内容。图11.1所示为空间金字塔池化与本文的MFMM方法采样结果的对比。黑色和绿色正方形表示两个特征映射中的bin及其在原图像中的对应内容。从图11.1的对比中可以发现,空间金字塔池化中的bin无法有效地采样对象区域特征(a),导致(b)中bin对应特征的描述内容不同,即特征无法准确匹配。特征映射中红色位置为响应值最高的区域。MFMM采样的bin能够较为准确地发现对象区域(c),因此,在描述的特征能够得到更好的匹配(d)。

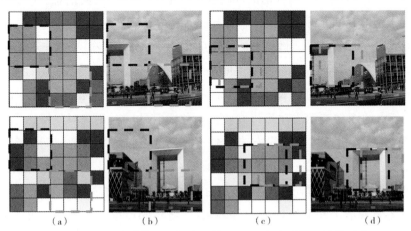

图11.1 空间金字塔池化与本文的MFMM方法采样结果的对比

(a)为空间金字塔池化采样方式在特征映射中采样得到的两个bin;(b)为(a)中不同bin在原图像中的对应区域;(c)为MFMM方法在特征映射中采样得到的两个bin;(d)为(c)中不同bin在原图像中的对应区域。

　　为了实现特征映射的准确匹配,从而为金字塔池化方法提供准确的区域匹配,本文提出了一种基于多尺度特征映射匹配(MFMM)的图像表示方法。这种方法首先选择出彼此独立的通道,并将通道对应的特征映射作为图像表示的基础。然后,依据同一通道内,特征映射高响应值对应的图像区域匹配性强的特点,从每个特征映射中选取一定数量的最高响应值位置作为中心点,并在中心点的基础上通过不同尺度的窗体采样得到不同尺度的bin,将bin中最大池化与平均池化融合后的结果作为特征。最后将不同尺度下所有bin的特征按照中心点响应值从高到低的顺序连接起来作为最终的图像表示。MFMM把中心点响应值作为匹配的基础,利用bin中池化特征保存空间信息,在为图像表示提供空间信息的同时突出了对象特征。

11.2　特征映射中的高响应匹配

　　在CNNs中,前一层的特征映射通过卷积核(filter)生成下一层的特征映射,即每一个filter对应着下一层的一个特征映射。由于filter中权重的不同,导致每个filter对图像中感兴趣的内容不同,即不同通道产生的特征映射中高响应值区域不同。需要注意的是,两幅包含相同内容的图像,在相同层次相同通道的特征映射中,高响应值位置对应着相似的语义信息。图11.2所示为两幅相同类别的图像,以及它们通过VGG16[204]在pool5层的第12通道中生成的特征映射中前5个最大响应值对应原图像区域的比较。通过比较可以发现,响应值越大匹配的程度越高。图11.2所示的结果表明,通过相同通道高响应值匹配的方法可以有效地实现图像内容的匹配。

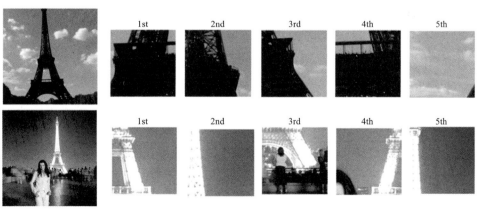

图11.2　高响应值内容匹配

11.3　多尺度特征映射池化

为了弥补空间金字塔采样无法实现内容匹配的问题,我们提出了一种多尺度特征映射匹配的图像表示方法。首先,选择关联性较小的通道用于减少图像表示中冗余信息;其次,在每个通道的特征映射中找出前 n 个最大的响应值所在的位置作为中心点,然后用不同尺度的窗口将图像划分为不同的bin,并对bin中所有的响应值进行池化;最后,连接不同尺度bin的特征生成图像表示。

11.3.1　通道的选择

卷积核的不同会导致不同通道的特征映射对原图像中感兴趣的区域不一样,但同时不同通道特征映射的感兴趣内容也存在着相互重叠的情况,Jia Y 等人的论文"Caffe: Convolutional architecture for fast feature embedding, Object retrieval with large vocabularies and fast spatial matching"和 Pan Xingang 等人的论文"Spatial as deep: Spatial cnn for traffic scene understanding"在图像的表示过程中,将同一特征映射中的响应进行极大池化或者和池化操作,用于表示图像某一维度的特征,这种方法的本质在于将局部特征数值化。由于不同通道特征映射之间存在重叠,因此响应的池化会导致图像表示不同维度之间内容的重复。

为了去除不同维度之间的重复内容,需要降低图像表示中不同维度特征之间的相关性。本文将此问题转化为一个图像特征映射的选择问题。设 f_i 为图像 i 的向量表示,向量中的任意元素 f_{ij} 为第 j 通道的特征映射池化后的结果,其中 $1 \leqslant j \leqslant N$, N 为通道的数量。我们首先计算图像集中任意特征 j 的方差 v_j,公式为

$$v_j = \frac{1}{M} \sum_{i=1}^{M} \left(f_{ij} - \mu_j \right)^2 \qquad (11\text{–}1)$$

式中,M 为图像集中样本的数量,$\mu_j = \dfrac{1}{M} \sum_{i=1}^{M} f_{ij}$。方差越大的特征越有可能是某一类别的代表性特征。算法认为从 N 个特征中选择前 $k(1 \leqslant k \leqslant N)$ 个方差最大的特征,可以生成更有判别力的图像表示。图像表示转化为一个 k 的求解问题。协方差矩阵被广泛应用于弱化图像表示中特征之间的关系,根据协方差矩阵的性质与提出的 k 特征选择问题,设计目标函数为

$$\min \frac{1}{2} \|C^k\|_F^2 - \| diag \left(C^k \right) \|_2^2 \qquad (11\text{–}2)$$

式中,C^k 为前 k 个方差最大的特征在图像集中构成的协方差矩阵,$C_{ij}^k = \dfrac{1}{M} \sum_{n=1}^{M} \left(f_{mj}^k - \mu_i \right) \left(f_{nj}^k - \mu_j \right)$。最小化目标函数可以使不同特征之间的关联性之和最

小。本文采用枚举的方式对目标函数中的k进行求解,使得目标函数值最小化的k即为最优解。

11.3.2　容器的采样方式与尺度的设定

依据相同通道特征映射内高响应值位置对应着相似语义信息特点,MFMM算法将特征映射的高响应值位置作为采样的中心点,并依据制定的尺度进行采样。在维度为7×7特征映射中,以任一高响应值位置作为中心点,按照表11.1中列举出的窗口尺度进行采样。不同尺度的窗口有利于采集中心点周围各个方向的图像内容,从而为图像表示提供更加全面的空间信息。

表11.1　窗口大小

窗口	H×W
窗口1	3×3
窗口2	5×5
窗口3	3×7 或 7×3
窗口4	5×7 或 7×5
窗口5	7×7

金字塔池化方法采用不同尺度的滑动窗体与步长来确定采样bin的数量,这种方法存在两个问题。首先,为了保证全局采样,需要针对不同尺度下窗体的大小调整步长。其次,由于将每个bin中响应的极大池化值作为bin的特征描述,导致越大尺度的窗口采样数量越少,导致全局图像表示中,局部特征描述多,全局特征描述少。与此方法不同,MFMM算法,不存在步长调整的问题,任何尺度下的采样数量都为n。但是,由于中心点位置不固定的原因,可能导致窗口超出特征映射边界,这种情况下,认为超出边界的部分响应值为0。

11.3.3　中心点数量的确定

为了选择出合适的中心点,我们提出了一种优化的中心点选择方法。激活映射对于发现对象区域有着非常重要的作用。对于给定的图像,在池化/卷积层中可以生成一个$H \times W \times K$的三维张量,其中H和W分别代表特征映射的维度,而K则代表通道的维度。此处用$s_i(i = 1, \cdots, K)$代表第i个通道的特征映射。激活映射的生成方式为

$$S' = \sum_{i=1}^{K} s_i \tag{11-3}$$

激活映射是一个二维张量,其中的最大值位置通常被认为是对象所在位置。

但是,最大值位置通常只对应着对象的局部区域。MFMM方法将激活映射最大值的位置融入特征映射中心数量的求解过程中。首先,由于不同特征映射感兴趣的区域不同,MFMM希望发现更多的与激活映射中心不同的更多种类的对象特征。其次,通常情况下对象区域是连续的,MFMM希望不同特征映射的中心点与激活映射的最大值点距离接近。最后,特征映射中响应值越大的位置越应该被设置为中心点,且在不失一般性情况下,每个特征映射的中心点数量应该不同。应该从每个特征映射 i 中选择出前 n_i 个最大响应值点作为中心点。据此,本文构造的目标函数为

$$\min_{n_i=0,\dots,\varphi(i)} \sum_{j=1}^{M}\sum_{i=1}^{T}\left(\alpha D\left(d_{ji},d_{jc}\right)-(1-\alpha)D\left(f_{ji},f_{jc}\right)\right) \qquad (11\text{-}4)$$
$$s.t. \quad T=\sum_i n_i$$

式中,T 为所有中心点数量之和。d_{ji} 和 d_{jc} 分别代表第 j 幅图像中心点的位置和激活映射的最大值位置。$D(\cdot,\cdot)$ 代表两组特征的欧式距离。其中第一项 $D\left(d_{ji},d_{jc}\right)$ 用于衡量中心点的位置和激活映射的最大值位置的距离,距离越远则特征采集越全面。第二项 $D\left(f_{ji},f_{jc}\right)$ 用于衡量中心点的位置的深度特征和激活映射的最大值位置特征的相似性。α 用于平衡两项之间的重要性。

给定不同通道的特征映射,目标函数中的 n 的求解可以通过坐标下降法得到。先对所有层次的 n 给定一个初始值,对于 n_i 的求解过程中首先保持所有其他特征映射的 $n_j(j\neq i)$ 不变,然后枚举所有可能范围内的 $n_i(1\leq n_i\leq 49)$,使目标函数最小的值即为此次迭代中 n_i 的最优值,最终通过给定次数的迭代求得所有特征映射的中心点数量。

11.3.4 特征池化

极大池化(max-pooling)的方法对于尺度变换有较好的鲁棒性,但是此方法忽略了其他局部响应对于图像内容描述的作用。平均池化(average-pooling)的方法可以体现出bin内的所有响应对于描述图像特征的重要性,但是池化结果弱化了特征的匹配效果。为此,本文结合两者特点,提出了一种混合池化方式为

$$R_{AM}=\left(1-e^{-R_A}\right)R_M \qquad (11\text{-}5)$$

其中,R_A 代表bin内的平均池化值,R_M 代表bin内的极大池化值,R_{AM} 将 R_A 作为 R_M 的权值计算基础,保证了平均响应与极大响应越大的bin拥有更大的池化结果即有更强的特征表示能力。

11.3.4 图像表示

MFMM的图像表示方法如图11.3所示,本文采用的特征映射维度为7×7,依照表11.1中所列窗口大小进行采样生成bin,并用提出的方式进行特征池化生成bin的特征。图11.3中$b_{i,j}$代表第i种窗口的第j个中心对应bin的池化结果。在任一特征映射中,将这些池化后的结果按照图11.3所示方式进行连接,生成的特征维度为$T = \sum_i n_i$。最终,在选择的最优的k个通道基础上,采用所有尺度的窗口生成的图像表示维度为$k \times T$。

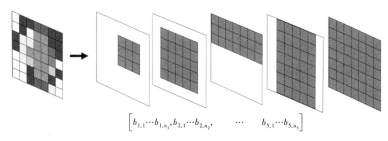

$$\left[b_{1,1} \cdots b_{1,n_1}, b_{2,1} \cdots b_{2,n_2}, \quad \cdots \quad b_{5,1} \cdots b_{5,n_5} \right]$$

图11.3 MFMM图像表示

11.4 实验

本文在一些常用的图像库中,通过与一些优秀图像检索方法的效果比对,用于验证MFMM图像表示的有效性。

11.4.1 图像库与实验设置

Holiday图像集包含了500组共1491幅假期旅游时拍摄的图像,图像拍摄的角度、光照等有所不同,检索任务中,每一组图像选取一幅图像作为查询。

Oxford5K是由从Flicker中收集的5062幅地标性建筑物图像组成,共11个类别,每个类别设置了5幅查询图像,共55幅查询图像。在Oxford5K基础上增加了100 071幅图像作为干扰,构成了图像集Oxford105K。

Paris图像集由12类共6412幅巴黎地标场景组成,图像的收集来源为Flicker。

实验中我们采用预训练网络VGG16提取图像特征,并在最后一个池化层pool5的256个特征映射基础上进行图像表示。与几乎所有的在这三个图像库中实验的无监督图像检索方法一样,实验中只采用平均精度值(mean average pre-cision,MAP)来衡量检索性能。

11.4.2 图像检索

中心点个数之和T对于图像检索的结果有着重要的影响,T的值越大,采样的 bin 数量越多，特征采集得越全面，但同时，T 的值过大会导致采样的 bin 之间重复的信息过多，不利于图像表示的准确性。MFMM 方法的 T 通过中心点数量的优化得到，为了体现出优化的作用，设计了一种无中心选择的方法，记作 MFMM_WOC（MFMM Without Optimal Center），此方法中每一个特征映射的中心数量固定为 n。表 11.2 所列为 n 不同的情况下的 MAP 值比对，从表 11.2 中可以发现，当 n 小于 7 的时候，MAP 值随着 n 的数量增加而增加。由于对象区域相对集中，当 n 的值过大的时候，采集的特征可能随之包含更多的背景区域，从而导致 MAP 值下降，可以发现，当 n 大于 7 的时候，MAP 值发生了较明显的下降。表 11.4 中给出了 MFMM 方法的 MAP，通过比对可以发现，MFMM 相对于 MFMM_WOC 的 MAP 有大幅度的提升。

表 11.2　MFMM_WOC 不同中心点数量下的 MAP

中心点数量	Holiday	Oxford5k	Oxford105k	Paris
MFMM_WOC, n=3	0.793	0.621	0.617	0.786
MFMM_WOC, n=5	0.796	0684	0.631	0.807
MFMM_WOC, n=7	0.805	0.698	0.674	0.826
MFMM_WOC, n=9	0.786	0.671	0.668	0.812
MFMM_WOC, n=11	0.761	0.667	0.657	0.795

窗口尺度的选择对于检索性能同样有着重要的影响，通常情况下，窗口尺度越大，包含的局部信息的范围越广，不同 bin 之间的重合区域也就越大，导致生成的局部特征之间重复内容越多。只选择某些尺度的窗口进行采样，可以有效地避免信息的重复采集。采样窗口之间尺度差距过大会导致局部特征不能被全面地采集。相反，如果采样窗口之间尺度差距过小，会导致图像表示中信息覆盖不够全面。当 MFMM 不采用通道选择和优化的中心点时，称之为 MFMM_WOC_WCS（MFMM without optimal center without channel selection），我们从表 11.1 所列的窗口当中选择一部分作为 MFMM_WOC_WCS 图像表示的基础，并在表 11.3 中展示了 n 等于 7 的时候，不同情况下的图像检索性能比较。从表 11.3 中所列可以发现，当选择窗口 1、窗口 3 和窗口 5 的时候在所有图像库中的 MAP 都达到了最高值，并且性能比采用所有尺度窗口的时候，结果有了明显的提升。

表11.3　MFMM_WOC_WCS在不同窗口选择下的MAP

窗口	Holiday	Oxford5k	Oxford105k	Paris
窗口1+窗口3	0.725	0.387	0.326	0.459
窗口2+窗口4	0.715	0.397	0.364	0.476
窗口2+窗口4+窗口5	0.795	0.423	0.419	0.536
窗口1+窗口3+窗口5	0.823	0.452	0.436	0.579

表11.4所列为MFMM与一些优秀算法的性能比较,由于引入了通道优化选择和中心点优化选择可以发现MFMM的性能明显优于空间金字塔池化方法。SPoC方法将每个特征映射中的响应进行聚合,没有考虑到空间信息,因此,MAP值落后于MFMM。

CroW虽然没有考虑空间信息,但采用了空间权重的方式突出对象内容。此方法可以较好地发现对象区域,但空间权重主要用于突出整体的对象区域特征,无法体现局部特征,而且,CroW中通道与位置权重的引入无法克服重复采样的问题。MFMM则通过窗口的尺度变换,将局部特征与全局特征融入了图像表示,所以MAP值比CroW提高了4%左右。

MFMM的研究重点在于如何为图像表示提供空间信息,并没有考虑到通道权重的设定,而CroW将通道的稀疏性作为通道重要性的分析手段,当将CroW中的通道权重引入到MFMM中时,我们称之为MFMM的通道权重方法,记为MFMM+CW(channel weighting),可以发现MFMM+CW使得检索性能有了进一步的提升。

PWA通过特征的方差判断出了通道的重要性,但是没有给出合理的阈值用于判断哪些通道需要保留,相比之下,MFMM通过优化的方式给出了更合理的通道选择。实验尝试将MFMM的通道选择部分代替PWA中选择前30%最大方差特征的方法,其结果在Oxford5K和Paris中分别为0.809和0.871,比原方法MAP提高了1%。

将检索图像集的一部分用于训练深度神经网络可以在本图像集中得到更好的检索结果,SSDH将分类与检索任务进行了合并,并利用训练集对深度网络进行了重新训练,但是结果仍然低于MFMM+CW。

表11.4　MFMM与优秀算法的检索性能比较

方法	Holiday	Oxford5k	Oxford105k	Paris
RVD-W[170]	0.845	0.675	—	—
空间金字塔池化[203]	0.773	0.448	—	—
SPoC[163]	0.802	0589	0.578	—
SSDH[169]	—	0.638	—	0.839
CroW[160]	0.828	0.749	0.706	0.848
PWA[187]	—	0.791	—	0.861
MFMM	0.872	0.821	0.764	0.876
MFMM+CW	0.885	0.831	0.786	0.891

11.4.3　通道选择的作用

通道选择可以在降低图像表示维度的同时,提高图像的表示能力,图11.4中比较了MFMM算法在采用特征方差形式基础上,选择方差最大的部分通道情况下的检索性能。通过图11.4所示可以发现,当选择前30%或者前50%方差最大的通道时,可以在图像库中获得最高的MAP值。此结果再次印证了,通道的选择对于图像表示有着重要的作用。但是,基于方差的通道选择方法只能体现通道的重要性,无法保证通道的独立性,所以从图11.4中可以发现,其MAP均小于MFMM。

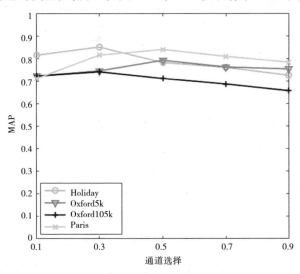

图11.4　MFMM方法采用方差较大通道时的MAP

11.4.4　图像表示维度的比对

为了避免图像表示的维度过高,大部分的无监督方法将每一个特征映射的特征变为一个维度的值,因此,图像表示的维度与特征映射的维度相同,如Je-gou H等人的论文"Hamming Embedding and Weak Geometric Consistency for Large Scale Image Search",Philbin J等人的论文"Object retrieval with large vocabularies and fast spatial matching"和Xu Jian等人的论文"Unsupervised part-based weighting aggregation of deep convolutional features for image retrieval"中所述。PCA有着很好的降维作用,但是PCA的作用经常体现在对生成的对象特征进行降维,如PWA。此过程没有结合图像特征之间的关系。与这些方法相比,MFMM的图像示维度虽然仍然取决于特征映射的维度,但是由于通道的选择依据为通道特征的依赖性,所以,MFMM的降维方法比介绍的其他方法更加有效。

11.5 本章小结

本章提出了一种MFMM图像表示方法,该方法从预训练网络中的最后一个池化层提取出特征映射,并采用不同尺度的窗口进行采样,从而为图像表示提供空间信息。此外,优化的通道选择方法可以降低图像表示中不同维度特征的相关性,特征映射的中心点选择方法可以提供更加全面的对象信息,有利于生成更好的图像表示。未来的工作中,我们将把研究重点放在如何并将此种方法应用于司法系统的视频监控管理中。

第十二章 融合特征关联性的深度哈希
图像检索方法

在卷积神经网络中,深度描述子可以为图像表示提供丰富的语义信息。提出了一种融合特征关联性的深度哈希图像表示方法,这种方法将深度描述子之间的关系融入图像内容的描述中,用于提高图像检索性能。首先,通过预训练网络生成图像的特征映射,并在此基础上提取出深度特征描述子。其次,将深度特征描述子映射为深度视觉词,从而用于深度视觉词的频繁项集发现。再次,将离散值的深度视觉词图像表示和哈希值的频繁项集图像表示连接生成图像表示。最后,算法通过图像类内、类间的相似性关系构造优化,得到最优的阈值,用于将图像表示变为哈希值。实验中,将我们提出的方法与一些优秀的图像表示方法在 Holiday、Oxford 和 Paris 图像集中的图像检索任务中进行了性能比对,用于证明此方法的有效性。

12.1　背景知识介绍

近年来,卷积神经网络(convolutional neural networks, CNNs)已经被广泛应用于计算机视觉相关任务,如图像分类、图像分割和行人检测等。其主要特点在于通过训练网络参数,从而学习复杂事物的特性。

CNNs 在大规模图像检索问题上也表现出了优异的性能。研究表明,经过大规模图像分类任务训练后的 CNNs 可以用于完成与训练图像集合不同内容的图像表示任务,并应用于图像检索。从预训练深度网络中提取的激活特征可以用于构成深度描述子,从而描述图像特征。Babenko A 等人[208]开创性地将神经元的激活作为特征,并将聚合后的特征成功应用到了图像检索任务中,Razavian A S 等人[178]提出了一种将 CNNs 全连接层和卷积层响应进行聚合用于图像表示的方法。Gong Y 等人[209]在生成的特征映射基础上,提取出多尺度局部特征映射的激活特征,用于特征聚合生成图像表示。Wei X S 等人[162]通过特征映射粗略分析出对象区域,并将此区域内的特征聚合生成图像表示。接下来的研究中发现,通过对激活特征在不同层次和不同位置进行加权,可以更好地描述图像内容。

作为一种优秀的算法,Y Lecun等人[224]将深度描述子通过聚类生成字典,并通过局部聚合向量(vector of locally aggregated descriptors, VLAD)的编码方式生成图像表示。算法中,字典的生成有利于归并有微小变化的同类特征。但是,此方法采用的VLAD编码方式无法发现描述子之间的关联性,即无法体现出特征之间的内在联系。此外,由于描述子的每个维度数值都是实数类型,无法用现有的关联分析方法直接分析出特征之间的关联性。针对Y Lecun等人的论文"Gradient-based Learning Applied to Document Recognition"中的算法缺陷,本章提出了一种基于深度特征关联性的图像哈希(feature relevance fusion based deep hashing, FRFDH)检索方法。流程图如图12.1所示,方法首先提取出图像深度描述子,并通过聚类的方法生成深度视觉词。然后分析深度视觉词之间的关联性生成频繁项集,将视觉词图像表示与频繁项集图像表示合并、优化生成哈希表示,用于图像检索。

本章分为三部分,第一部分介绍了在深度特征描述子基础上生成视觉词图像表示的方法。第二部分提出了深度特征关联性发现与优化的图像哈希表示方法。第三部分,给出了图像检索实验的结果并进行了分析。

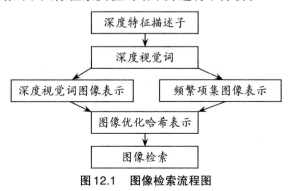

图 12.1　图像检索流程图

12.2　深度视觉词图像表示

给定一个预训练深度网络,输入图像 k 在第 l 个卷积层中被映射为 d^l 个维度为 $n^l \times n^l$ 的特征映射。在特征映射的任意位置 (i,j) 中,$1 \leqslant i \leqslant n^l$,$1 \leqslant j \leqslant n^l$,可以提取出一个维度为 d^l 的空间向量 $f_{i,j} \in R^{d^l}$,我们称之为位置 (i,j) 上的深度描述子。图像 k 在第 l 个卷积层中,共可以提取出 $n^l \times n^l$ 个深度描述子,这个集合记为 $F_k^l = \left\{ f_{1,1}^l, f_{1,2}^l, \cdots, f_{n^l,n^l}^l \right\} \in R^{d^l \times n^l}$,$F_k^l$ 即为此图像的特征集合。对于给定的图像集合,生成

的特征描述集合为 $F=\{F_1^l,F_2^l,\cdots,F_N^l\}$，其中 N 为图像的数量。为了生成紧凑的全局图像表示，算法对 F 进行 K-means 聚类用于生成深度视觉字典 $W=\{w_1,w_2,\cdots,w_t\}$，其中，w 代表深度视觉词，t 为字典维度。其过程如图 12.2 所示。

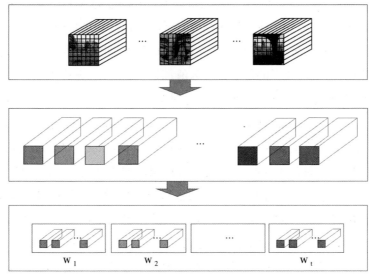

图 12.2   深度视觉字典

在图像表示的过程中，将深度描述子映射到最相似的深度视觉词，并将图像中深度视觉词出现的数量作为图像表示，记作 $I=\{q_1,q_2,\cdots,q_t\}$，q_i 表示图像中 w_i 出现的次数。

12.3   深度视觉词挖掘

本章提出的图像深度哈希表示方法如图 12.3 所示，对于任意图像，先在深度视觉词的基础上生成图像表示，然后，通过频繁项集挖掘发现深度视觉词之间的强关联规则，生成频繁项集图像表示，并将两种表示合并作为图像表示，之后，通过优化的方法分析出深度视觉词阈值，将视觉词图像表示中的离散值的转化为哈希值，生成最终的深度关联哈希表示。

图像集中深度视觉词的关联性分析对于发现特征之间的内在关系有着重要的意义。关联性分析所产生的一个重要结果即为频繁项集。在本算法中，将每一个深度视觉词作为一个项（item），将每一幅图像中出现次数大于 0 的深度视觉词的集合作为一个交易（transaction），深度视觉词的频繁项集可以用于描述图像集中不同特征之间的关系,算法用 $R = \{r_1, r_2, \cdots, r_s\}$ 表示图像集中通过挖掘之后产生的频繁项集,其中 s 为频繁项的数量。对于任意图像 k 用 $H_k = \{h_1, h_2, \cdots, h\}$ 表示基于频繁项集的图像表示。其中,如果图像中存在频繁项 r_1,则 $h_i = 1$,否则 $h_i = 0$。

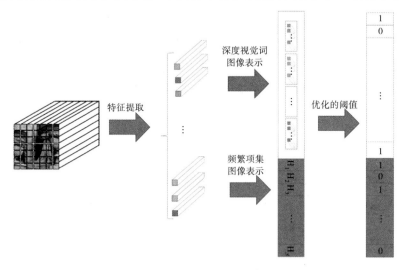

图12.3　融合特征关联性的深度哈希图像表示

　　将基于深度视觉词的图像表示与基于频繁项集的图像表示进行连接可以用于图像表示,这种方法将深度视觉词的统计特征与深度视觉词之间的关系相融合,可以更好地用于描述图像内容。但是,图像表示中,深度视觉词的统计特征是离散值而频繁项特征为0/1的哈希值,特征阈值的不匹配使得两种表示无法得到真正的融合。

　　算法为每一个深度视觉词设置一个阈值 λ,将视觉词图像的离散值表示 $I = \{q_1, q_2, \cdots, q_t\}$ 转换为哈希值表示 $HI = \{hq_1, hq_2, \cdots, hq_t\}$,其中,若 $q_i > \lambda_i$,则 $hq_i = 1$,否则 $hq_i = 0$,最终的图像表示用 $U = \{HI, H\}$ 表示。

　　据此,在给定的图像集中,如何进行图像表示的问题转化为不同深度视觉词阈值 $\lambda' = \{\lambda_1, \lambda_2, \cdots, \lambda_t\}$ 的求解问题。为此,目标函数构造为

$$\min \frac{1}{M} \sum_{i=1}^{N-1} \sum_{j>i, \varphi(i)=\varphi(j)}^{N} dis\left(U_i^{\lambda'}, U_j^{\lambda'}\right) - \frac{1}{L} \sum_{i=1}^{N-1} \sum_{j>i, \varphi(i)\neq\varphi(j)}^{N} dis\left(U_i^{\lambda'}, U_j^{\lambda'}\right) \quad (12\text{-}1)$$

其中,N 为图像数量,$\varphi(i)$ 代表图像 i 的类别,$dis(\cdot)$ 用于衡量两个图像的汉明距离。M 和 L 为相同类别和不同类别图像对数量。$U^{\lambda'}$ 为阈值 λ' 给定下的图像表

示。算法希望相同类别的图像表示相似,而不同类别的图像不相似。公式(12-1)中第一项 $\frac{1}{M}\sum_{i=1}^{N-1}\sum_{j>i,\varphi(i)=\varphi(j)}^{N} dis\left(U_i^{\lambda'},U_j^{\lambda'}\right)$ 为所有相同类别图像对的平均距离,使这一项最小化的目的在于增大类内图像相似性。第二项 $-\frac{1}{L}\sum_{i=1}^{N-1}\sum_{j>i,\varphi(i)\neq\varphi(j)}^{N} dis\left(U_i^{\lambda'},U_j^{\lambda'}\right)$ 为所有不同类别图像对的平均距离,最小化的目的在于增大图像类间相异程度。

在 HI 和 H 给定的前提下,λ' 的求解可以转换为一个离散值变量的优化问题,本章通过坐标下降法[64]用于不断迭代更新每个深度视觉词的阈值。迭代更新过如公式(12-2)所示。

$$\lambda_1^{(n+1)} = \arg\min_{r=0}^{\phi(1)} \frac{1}{M}\sum_{i=1,\varphi(i)\neq1}^{N-1}\sum_{j>i,\varphi(i)=\varphi(j)}^{N} dis\left(U_i^{\lambda^{(n)}},U_j^{\lambda^{(n)}}\right) -$$

$$\frac{1}{L}\sum_{i=1,\varphi(i)\neq1}^{N-1}\sum_{j>i,\varphi(j)\neq1,\varphi(i)\neq\varphi(j)}^{N} dis\left(U_i^{\lambda^{(n)}},U_j^{\lambda^{(n)}}\right) +$$

$$\frac{1}{M}\sum_{i=1,\varphi(i)=1}^{N-1}\sum_{j>i,\varphi(i)=\varphi(j)}^{N} dis\left(U_i^{\lambda_{1,r}^{(n+1)}},U_j^{\lambda_{1,r}^{(n+1)}}\right) -$$

$$\frac{1}{L}\sum_{i=1,\varphi(i)=1}^{N-1}\sum_{j>i,\varphi(i)\neq\varphi(j)}^{N} dis\left(U_i^{\lambda_{1,r}^{(n+1)}},U_j^{\lambda_{1,r}^{(n+1)}}\right)$$

$$\dots$$

$$\lambda_q^{(n+1)} = \arg\min_{r=0}^{\phi(q)} \frac{1}{M}\sum_{i=1,\varphi(i)\neq q}^{N-1}\sum_{j>i,\varphi(i)=\varphi(j)}^{N} dis\left(U_i^{\lambda^{(n)}},U_j^{\lambda^{(n)}}\right) -$$

$$\frac{1}{L}\sum_{i=1,\varphi(i)\neq q}^{N-1}\sum_{j>i,\varphi(j)\neq q,\varphi(i)\neq\varphi(j)}^{N} dis\left(U_i^{\lambda^{(n)}},U_j^{\lambda^{(n)}}\right) +$$

$$\frac{1}{M}\sum_{i=1,\varphi(i)=q}^{N-1}\sum_{j>i,\varphi(i)=\varphi(j)}^{N} dis\left(U_i^{\lambda_{q,r}^{(n+1)}},U_j^{\lambda_{q,r}^{(n+1)}}\right) -$$

$$\frac{1}{L}\sum_{i=1,\varphi(i)=q}^{N-1}\sum_{j>i,\varphi(i)\neq\varphi(j)}^{N} dis\left(U_i^{\lambda_{q,r}^{(n+1)}},U_j^{\lambda_{q,r}^{(n+1)}}\right)$$

$$\dots \tag{12-2}$$

$$\lambda_t^{(n+1)} = \arg\min_{r=0}^{\phi(t)} \frac{1}{M}\sum_{i=1,\varphi(i)\neq t}^{N-1}\sum_{j>i,\varphi(i)=\varphi(j)}^{N} dis\left(U_i^{\lambda^{(n)}},U_j^{\lambda^{(n)}}\right) -$$

$$\frac{1}{L}\sum_{i=1,\varphi(i)\neq t}^{N-1}\sum_{j>i,\varphi(i)\neq t,\varphi(i)\neq\varphi(j)}^{N} dis\left(U_i^{\lambda^{(n)}},U_j^{\lambda^{(n)}}\right) +$$

$$\frac{1}{M}\sum_{i=1,\varphi(i)=t}^{N-1}\sum_{j>i,\varphi(i)=\varphi(j)}^{N} dis\left(U_i^{\lambda_{t,r}^{(n+1)}},U_j^{\lambda_{t,r}^{(n+1)}}\right) -$$

$$\frac{1}{L}\sum_{i=1,\varphi(i)=t}^{N-1}\sum_{j>i,\varphi(i)\neq\varphi(j)}^{N} dis\left(U_i^{\lambda_{t,r}^{(n+1)}},U_j^{\lambda_{t,r}^{(n+1)}}\right)$$

式中,$\phi(q)$代表所有图像表示中视觉词w_q出现的最高次数。$\lambda_q^{(n+1)}$表示λ_q第$n+1$轮迭代的结果。$U_j^{\lambda_{q}^{(n+1)}}$表示图像$j$在第$n+1$轮更新$\lambda_q=r$时,在阈值作用下生成的图像表示。通过公式(12–2)的迭代,可以最终得到优化的阈值λ'。

12.4　实验

本章提出了一种包含关联关系的图像深度哈希表示方法,并用一系列图像集验证了其在图像检索任务中的有效性。

12.4.1　实验设计

算法在开源框架Caffe[159]下实现,采用预训练网络VGG16用于提取特征映射,并在最后一个池化层的特征映射集合中提取深度描述子。算法通过K-means聚类生成维度$t=400$的深度字典,即包含400个视觉词。Apriori是数据挖掘当中一种经典的关联分析算法,算法先通过数据集生成候选项集,再通过支持度进行过滤,选择大于支持度的项构成频繁项集,然后通过频繁项的合并生成更高维度的候选项集,以此类推,一直到生成一个或没有候选集算法结束。为了生成深度视觉词的频繁项集候选集合,迭代过程中,只保留支持度大于15%的候选频繁项集。最后,按照频繁项中元素数量由高到低的方式选取了前100个频繁项作为频繁项集用于图像表示。实验中,所有图像均将整张图像作为输入,并采用平均精度均值(mean average precision, MAP)作为检索效果的衡量标准。为了进一步提高检索性能,我们采用了查询扩展的方式,首先将返回的前10个查询结果用FRFDH的方式进行表示,然后将其与查询图像表示相加求平均值,最后将L2归一化后的结果作为新的查询。此过程重复10次即可获得最终的检索结果。

12.4.2　图像检索

FRFDH利用最后一个池化层的所有激活特征提取深度特征描述子,用于描述图像内容,但是,提取出的描述子包含了前景(对象)和背景信息,无法提供准确的对象内容描述。将所有通道的特征映射叠加,生成激活映射,其中响应值大于平均值的区域通常被认为是对象区域。为了更加准确地描述图像内容,本章先在激活映射中提取出大于均值的响应所在的位置,然后仅在此位置提取描述子,这种方法称为FRFDH_R。从表12.1中可以发现,相对于FRFDH,FRFDH_R在Oxford5k、Oxford105k和Paris图像集中的检索性能都有了较大提升,但是在Holiday中的MAP值只提升了1%,其原因在于此图像集内多为场景图像,没有明显的对象。FRFDH_MS算法在FRFDH的基础上,结合不同层次提取描述子,实验中,FRFDH_MS 将 Conv5-2、Conv5-3 和 Pool5 三个层次的深度描述子产生的图像表示进行串联,其 MAP 值超过 FRFDH 和 FRFDH_R 2% 左右。FRFDH_RMS 将 FRFDH_R 与 FRFDH_MS 相结合,即在 Conv5-2、Conv5-3 和 Pool5 三个层次的深度描述子采样过程中只考虑大于均值的响应,此方法获得了最好的检索结果。

此外,如表 12.1 所列,本章将 FRFDH_RMS 与一些优秀的算法进行了比较,与 FRFDH_RMS 相似,Neural Codes、Razavian 等人、SPoC、Y Lecun 等人、R-MAC、CroW 和 SCDA[162]都是通过预训练网络提取出特征映射,其中 CroW 利用最后一个池化层提取特征映射,而 SPoC、SCDA、R-MAC 则利用最后一个卷积层提取特征映射,并直接在特征映射中提取深度描述子用于图像表示。其中,SPoC 与 CroW 通过给响应加权的方式生图像表示,这两种方法没有考虑到描述子之间的关系,所以 MAP 值仍然低于 FRFDH_RMS。R-MAC 方法在每个特征映射的子区域中提取最大响应,最终通过特征聚合的方式生成图像表示,由于此方法没有估计对象区域且同样没有考虑描述子之间的关系,结果仍然低于 FRFDH_RMS。SCDA 利用了大于响应平均值的区域可以粗略划分出对象范围的特点,在发现的对象区域基础上进行特征聚合,其性能与 R-MAC 相近。

表 12.1　FRFDH 与一些优秀算法的比较

method	Holiday	Oxford5k	Oxford105k	Paris
Neural Codes[208]	0.749	0.435	0.329	—
Razavian 等人[168]	0.716	0.533	0.489	0.670
SPoC[159]	0.802	0589	0.578	—
Y Lecun[224]	0.840	0.581	—	0.688
R-MAC[158]	—	0.669	0.616	0.830
SCDA[162]	0.785	0.631	0.610	0.824
CroW[160]	0.828	0.749	0.706	0.848
Radenovi'c 等人[171]	0.837	0.677	0.606	0.755
SLEM[224]	0.863	0.741	0.702	—
FRFDH	0.842	0.624	0.601	0.735
FRFDH_R	0.854	0.681	0.661	0.772
FRFDH_MS	0.862	0.705	0.681	0.786
FRFDH_RMS	0.884	0.753	0.723	0.849

通过训练集结合损失函数对卷积神经网络进行权重更新,可以生成更有针对性的图像表示,Radenovi'c 等人[171]通过 3D 重建的方式选取训练图像,用于训练

CNN,而 SLEM 用矩阵低秩分解的方式实现核化的 SLEM,并将平方损失引入网络权重的更新中。FRFDH_RMS 并没有更新网络权重,但是仍然取得了更好的效果,说明发现描述子之间的关系对于图像的表示有着重要的意义。

12.4.3 特征维度分析

FRFDH算法中,将视觉词图像表示与频繁项集图像表示进行合并生成最终的图像表示,其中,视觉词的维度与频繁项集的维度设定对于检索性能有着重要的影响。图 12.4 所示为在单独使用深度视觉词与频繁项集情况下生成的图像表示,在不同图像库中的检索性能比对。可以发现,在视觉词维度为400左右的时候,可以在所有图像库中得到较为优秀的检索性能,而频繁项集图像表示的维度为450左右可以得到最好的检索结果。由于视觉词可以很好地表示不同特征在图像中的出现概率,而频繁项的作用更多的在于发现特征之间的关系。此外,维度过低的频繁项(如维度为2)关联性不强,可能带来噪声信息,所以,实验中的视觉词维度设置为400,而频繁项的数量需要根据视觉词数量进行调整。

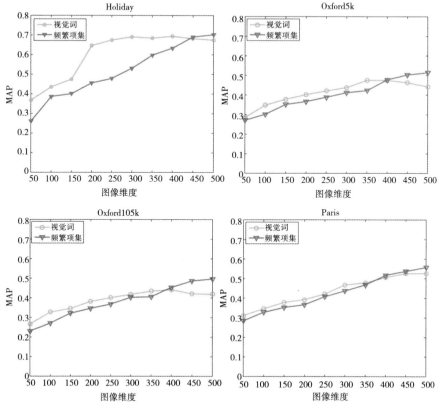

图12.4 视觉词与频繁项集图像表示的检索性能对比

　　我们通过另外一组实验来确定频繁项的数量,如图 12.5 所示,我们在视觉词维度为 400 的前提下,将支持度设置为 15% 且频繁项的数量设定在 0~500 之间,可以发现在 100 左右的时候,FRFDH 的 MAP 值达到最高。实验证明,并非频繁项的数目越大,图像表示能力越强,因为随着频繁项数量的增大,引入的低维度频繁项数量不断增加,这些项对于表示视觉词的内在关系意义不大,且维度过低会导致表示的内容与视觉词的内容产生重复,从而降低图像的表示能力。

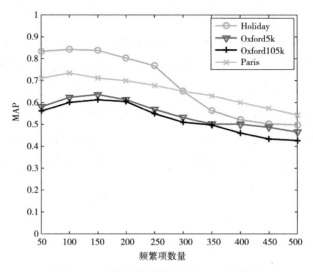

图 12.5　频繁项的数量对于 MAP 的影响

　　Apriori 算法中的支持度设置对于生成的频繁项有着重要影响,支持度越高,生成的频繁项数量越少,同时频繁项内部的特征关联性越强。图 12.6 所示为不同支持度下 FRFDH 的 MAP,从图中可以发现,当支持度大于 15% 的时候,大部分图像库的 MAP 值有了不同程度的下降,且 MAP 随着支持度的增大而不断下降。所以在本章实验中,选择 15% 为支持度。

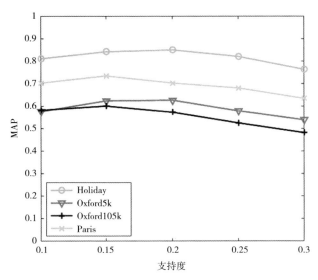

图12.6　支持度对于MAP的影响

12.5　本章小结

本章基于描述子之间的关系,提出了一种融合特征关联性的深度哈希检索方法FRFDH,此方法通过频繁项集挖掘有内在关联性的深度视觉词,并将这些特征的关系融入图像表示中。此外,优化的阈值求解方法将图像表示为哈希值形式,并在图像检索任务中取得了令人满意的结果。在未来的工作中,我们将研究如何把特征关联性融入损失函数的构建中,用于调整网络权重,生成更有效的图像哈希表示。

第十三章 基于四元组完备损失的图像
检索方法

利用损失函数与反向传播算法更新深度神经网络权重的方法,在图像检索领域得到了广泛的应用。将三元组排序损失应用于权重的更新,可以使生成的图像表示保存更多的语义特征,但是三元组排序损失没有全面地考虑不同类别图像之间的关系。为此提出了一种四元组完备损失,此损失函数将图像类间相似性小于类内相似性的特点融入损失函数的构建中,并且与三元组排序损失相比可以更全面地考虑查询图像与同类和不同图像之间的相似性关系。此外,本章还提出了一种有效的基于四元组的深度网络结构,用于图像的哈希检索。实验结果表明,提出的方法能够在CIFAR-10,SVHN和NUS-WIDE图像库中取得良好的检索性能。

13.1　背景知识介绍

近年来,互联网上的图像规模一直在迅猛增加。由此,基于内容的大规模图像检索也受到了越来越多的关注。基于哈希技术的最近邻搜索作为一种快速有效的策略,得以广泛应用。一般而言,哈希方法首先将每个图像映射为一系列的二进制代码,然后使用汉明距离来衡量查询图像与数据库图像之间的相似性,并对结果进行排序。

基于学习的图像哈希可以分为无监督和监督两类。无监督方法以无监督的方式将无标记的图像编码为一系列二进制代码以保留图像之间的相似性,而监督方法则基于图像类标的相似性或相异性来构造二进制代码。通常情况下,监督方法可以获得更多的语义结构信息,并且可以生成更紧凑的哈希码。

卷积神经网络(CNNs)由于其在图像分类任务方面的突出成果,已成为最受欢迎的机器学习方法之一,并被广泛应用于计算机视觉任务,包括目标识别,图像分割和人员重新识别。

CNNs模型通常在大规模图像集上进行训练,然后通过损失函数的构建和BP算法在新图像集中微调模型参数,用于新图像集中图像的特征提取任务。此种方法可以获取更多的知识,比传统的人造特征更有利于语义特征的提取。如何构造有效的损失函数逐渐成为深度学习中的热点问题。

13.2　相关工作

三元组排序损失(triplet ranking loss)[214]是深度图像检索问题中常用的一种损失函数,其中的三元组数据包括查询图像(qry)、与qry相同类别的正例图像(pos)和与qry不同类别的负例图像(neg)。损失的计算用于保证qry与pos的相似性大于qry与neg的相似性。通过损失以及反向传播(back propagation,BP)算法可以使深度神经网络权重得到更新,从而实现数据知识的学习。三元组排序损失的有效性在于能够使$Dis(qry,pos) < Dis(qry,neg)$,其中$Dis(\cdot)$表示两个向量之间的距离。但是,三元组排序损失函数只考虑了qry,pos与qry,eng之间的关系,并没有将不同负例图像之间的距离关系融入损失函数的构建当中。

用于训练深度神经网络的四元组由属于三个类别的四幅图像即查询图像(qry)、正例图像(pos)、负例图像1($eng1$)与负例图像2($eng2$)组成,其中qry与pos属于同一类别,两个负例图像$eng1$和$eng2$与qry属于不同类别且彼此类别不同。本章将qry与pos组成的图像对称为正对,其他不同类别图像组成的图像对称为负对。

Chen W等人[218]提出的四元组损失函数在保留了三元组排序损失函数特点的基础上,能够在测试集数据中减小类内间距,同时增大类间距,从而生成更合理的图像表示。其中的四元组损失主要包含两方面规则:

(1)获得查询图像与正例图像和负例图像的相似性排序关系,$Dis(qry,pos) < Dis(qry,neg1)$。

(2)确保正对图像与负对图像之间的相似性关系,即$Dis(qry,pos) < Dis(neg1,neg2)$。

此外,四元组损失函数还通过间隔(margin)的设定来区分不同规则的重要性。

四元组损失并没有充分考虑四元组所有元素之间的关系,即没有将(pos, $eng1$)($pos,eng2$)和($qry,eng2$)之间的关系融入四元组损失函数的构造中。四元组各元素之间数据关系的完善对于图像表示的准确性有着重要的意义。图13.1

所示为 Chen 等人提出的四元组损失与本章提出的四元组完备损失(quadruplet complete loss, QCL)在涉及的图像关系方面的区别。图中黑色实线描述了四元组损失考虑的图像关系,而 QCL 在此基础上考虑了所有其他图像之间的关系,并将其融入了损失函数的构建中。此外,本章针对 QCL 提出了一种自适应的间隔计算方法,用于更加准确地描述图像之间的关系。

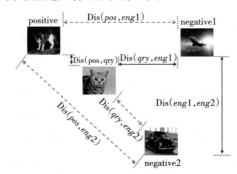

图 13.1　四元组损失与四元组完备损失的区别

13.3　四元组完备损失函数的构建

许多优秀的方法使三元组排序损失用于训练网络的参数。在此节中将介绍提出的 QCL 损失以及所对应的深度网络结构(图 13.2)。深度结构由三个部分组成:具有共享权重的卷积层,采用节点划分方式形成的部分连接网络,以及四元组损失层。

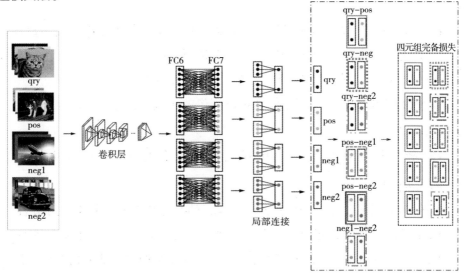

图 13.2　本章提出的新四元组深度网络框架(虚线框表示四元组完备损失的构造)

13.3.1　三元组排序损失

QCL的提出很大程度上受到了三元组排序损失的影响。三元组排序损失函数通过处理qry,pos,eng三者之间的关系,达到缩小同类图像特征之间距离,增大不同类图像特征之间距离的目的。其损失函数构造为

$$L_{trp} = \sum_{qry,pos,neg} I\left[\|f\left(x_{qry}\right) - f\left(x_{pos}\right)\|_2^2 - \|f\left(x_{qry}\right) - f\left(x_{neg}\right)\|_2^2 + \alpha\right] \tag{13-1}$$

公式(13-1)中,$f(x)$表示输入图像x的特征向量,$I[b] = \max(b,0)$。三元组排序损失通过计算图像之间欧式距离来衡量图像之间的相似性关系,由于图像x_{qry}与x_{pos}的相似性大于图像x_{qry}与x_{neg}的相似性,所以当$\|f(x_{qry}) - f(x_{pos})\|_2^2 > \|f(x_{qry}) - f(x_{neg})\|_2^2$的时候就会产生损失。间隔$\alpha$用于控制损失产生的条件。但三元组排序损失没有考虑不同类别样本之间的相似性,所以在测试图像集上没有表现出较好的泛化性能。

13.3.2　四元组损失

在三元组排序损失的基础上,四元组损失[218]还考虑了正对(qry,pos)与负对$(eng1,eng2)$之间的关系,其计算方式为

$$\begin{aligned} L_{quad} = &\sum_{qry,pos,neg1} I\left[\|f\left(x_{qry}\right) - f\left(x_{pos}\right)\|_2^2 - \|f\left(x_{qry}\right) - f\left(x_{neg1}\right)\|_2^2 + \alpha_1\right] + \\ &\sum_{qry,pos,neg1,neg2} I\left[\|f\left(x_{qry}\right) - f\left(x_{pos}\right)\|_2^2 - \|f\left(x_{neg1}\right) - f\left(x_{neg2}\right)\|_2^2 + \alpha_2\right] \end{aligned} \tag{13-2}$$

其中,α_1, α_2是公式中两个不同的间隔,公式中第一项与三元组排序损失相同,而第二项计算$\|f(x_{qry}) - f(x_{pos})\|_2^2$与$\|f(x_{neg1}) - f(x_{neg2})\|_2^2$的差值,用于保证正对图像的相似性大于负对图像的相似性。

13.3.3　四元组完备损失

四元组完备损失在四元组损失的基础上,将$(pos, eng1)(pos, eng2)$与$(qry, eng2)$之间的相似性融入损失函数的构造中,公式为

$$
\begin{aligned}
L = &\sum_{qry,pos,neg1} I\left[\|f(x_{qry}) - f(x_{pos})\|_2^2 - \|f(x_{qry}) - f(x_{neg1})\|_2^2 + w_1 a_{qry,neg1,qry,pos} \right] + \\
&\sum_{qry,pos,neg1,neg2} I\left[\|f(x_{qry}) - f(x_{pos})\|_2^2 - \|f(x_{neg2}) - f(x_{neg1})\|_2^2 + w_2 a_{neg2,neg1,qry,pos} \right] + \\
&\sum_{qry,pos,neg2} I\left[\|f(x_{qry}) - f(x_{pos})\|_2^2 - \|f(x_{pos}) - f(x_{neg2})\|_2^2 + w_3 a_{neg2,pos,qry,pos} \right] + \\
&\sum_{qry,pos,neg1} I\left[\|f(x_{qry}) - f(x_{pos})\|_2^2 - \|f(x_{pos}) - f(x_{neg1})\|_2^2 + w_4 a_{pos,neg1,qry,pos} \right] + \\
&\sum_{qry,pos,neg2} I\left[\|f(x_{qry}) - f(x_{pos})\|_2^2 - \|f(x_{qry}) - f(x_{neg2})\|_2^2 + w_5 a_{qry,neg2,qry,pos} \right]
\end{aligned}
$$

$$(13-3)$$

式中,w 为 a 的系数,a 为自适应间隔,表示为

$$
a_{ijkl} = \frac{1}{M} \sum_{i,j} \|f(x_i) - f(x_j)\|_2^2 - \frac{1}{M} \sum_{k,l} \|f(x_k) - f(x_l)\|_2^2
$$

$$\text{s.t.} \quad s_i = s_j, s_k \neq s_l$$

$$(13-4)$$

式中,M 为批大小(batch size),s_i 表示图像 i 的类别,本章认为间隔只与批中正负对距离的平均值相关。为此,将正负对均值之差认为是适应间隔。此外,公式中每一项的重要性不同,我们通过给 w_1,w_2,w_3,w_4 和 w_5 赋值的方法来区分不同项的重要性。QCL的构造过程中枚举了所有正对图像与负对图像的关系,且除第二项之外,其他项的负对中都包含了正例即 qry 与 pos。因此在公式(13-3)中,除第二项外,其余项都被赋予了相同的重要性;即 $w_1 = w_3 = w_4 = w_5 = 1,w_2 = 0.5$。

从公式(13-4)中可以发现自适应间隔 a 用于限定正对图像距离与负对图像距离的差值,当差值大于 a 时,才会计算 loss 并加入反向传播修正参数。实验中,我们结合BP算法与QCL进行网络权重的更新,四元组完备损失的梯度计算方法为

$$\frac{\partial L}{h\left(x_{qry}\right)} = \frac{2w_1}{M} - 2\left(h\left(x_{pos}\right) - h\left(x_{neg1}\right)\right)I\left[\|h\left(x_{qry}\right) - h\left(x_{neg1}\right)\|_2^2 - \|h\left(x_{qry}\right) - h\left(x_{pos}\right)\|_2^2 < \frac{\max\left(\mu,0\right)}{w_1}\right] +$$

$$\left(2 - \frac{2w_2}{M}\right)\left(h\left(x_{qry}\right) - h\left(x_{pos}\right)\right)I\left[\|h\left(x_{pos}\right) - h\left(x_{neg1}\right)\|_2^2 - \|h\left(x_{qry}\right) - h\left(x_{pos}\right)\|_2^2 < \frac{\max\left(\mu,0\right)}{w_2}\right] +$$

$$\left(2 - \frac{2w_3}{M}\right)\left(h\left(x_{qry}\right) - h\left(x_{pos}\right)\right)I\left[\|h\left(x_{pos}\right) - h\left(x_{neg2}\right)\|_2^2 - \|h\left(x_{qry}\right) - h\left(x_{pos}\right)\|_2^2 < \frac{\max\left(\mu,0\right)}{w_3}\right] +$$

$$\left(2 - \frac{2w_4}{M}\right)\left(h\left(x_{qry}\right) - h\left(x_{pos}\right)\right)I\left[\|h\left(x_{neg2}\right) - h\left(x_{neg1}\right)\|_2^2 - \|h\left(x_{qry}\right) - h\left(x_{pos}\right)\|_2^2 < \frac{\max\left(\mu,0\right)}{w_4}\right] +$$

$$\left(2 - \frac{2w_5}{M}\right)\left(h\left(x_{qry}\right) - h\left(x_{neg2}\right)\right)I\left[\|h\left(x_{qry}\right) - h\left(x_{neg2}\right)\|_2^2 - \|h\left(x_{qry}\right) - h\left(x_{pos}\right)\|_2^2 < \frac{\max\left(\mu,0\right)}{w_5}\right]$$

$$\frac{\partial L}{h\left(x_{pos}\right)} = \left(-2 + \frac{2w_1}{M}\right)\left(h\left(x_{qry}\right) - h\left(x_{pos}\right)\right)I\left[\|h\left(x_{qry}\right) - h\left(x_{neg1}\right)\|_2^2 - \|f\left(x_{qry}\right) - f\left(x_{pos}\right)\|_2^2 < \frac{\max\left(\mu,0\right)}{w_1}\right] +$$

$$\left(-2 + \frac{2w_2}{M}\right)\left(h\left(x_{qry}\right) - h\left(x_{pos}\right)\right)I\left[\|h\left(x_{qry}\right) - h\left(x_{neg2}\right)\|_2^2 - \|h\left(x_{qry}\right) - h\left(x_{pos}\right)\|_2^2 < \frac{\max\left(\mu,0\right)}{w_2}\right] +$$

$$\left(-2 + \frac{2w_3}{M}\right)\left(h\left(x_{qry}\right) - h\left(x_{neg2}\right)\right)I\left[\|h\left(x_{pos}\right) - h\left(x_{neg2}\right)\|_2^2 - \|h\left(x_{qry}\right) - h\left(x_{pos}\right)\|_2^2 < \frac{\max\left(\mu,0\right)}{w_3}\right] +$$

$$\left(-2 + \frac{2w_5}{M}\right)\left(h\left(x_{qry}\right) - h\left(x_{neg1}\right)\right)I\left[\|h\left(x_{pos}\right) - h\left(x_{neg2}\right)\|_2^2 - \|h\left(x_{qry}\right) - h\left(x_{pos}\right)\|_2^2 < \frac{\max\left(\mu,0\right)}{w_4}\right] +$$

$$\left(-2 + \frac{2w_5}{M}\right)\left(h\left(x_{qry}\right) - h\left(x_{pos}\right)\right)I\left[\|h\left(x_{neg2}\right) - h\left(x_{neg1}\right)\|_2^2 - \|h\left(x_{qry}\right) - h\left(x_{pos}\right)\|_2^2 < \frac{\max\left(\mu,0\right)}{w_5}\right]$$

$$\frac{\partial L}{h\left(x_{neg1}\right)} = \left(2 - \frac{2w_1}{M}\right)\left(h\left(x_{neg1}\right) - h\left(x_{qry}\right)\right)I\left[\|h\left(x_{qry}\right) - h\left(x_{neg1}\right)\|_2^2 - \|h\left(x_{qry}\right) - h\left(x_{pos}\right)\|_2^2 < \frac{\max\left(\mu,0\right)}{w_1}\right] +$$

$$\left(-2 + \frac{2w_2}{M}\right)\left(h\left(x_{neg1}\right) - h\left(x_{neg2}\right)\right)I\left[\|h\left(x_{neg2}\right) - h\left(x_{neg1}\right)\|_2^2 - \|h\left(x_{qry}\right) - h\left(x_{pos}\right)\|_2^2 < \frac{\max\left(\mu,0\right)}{w_2}\right] +$$

$$\left(-2 + \frac{2w_4}{M}\right)\left(h\left(x_{neg1}\right) - h\left(x_{pos}\right)\right)I\left[\|h\left(x_{neg2}\right) - h\left(x_{neg1}\right)\|_2^2 - \|h\left(x_{qry}\right) - h\left(x_{pos}\right)\|_2^2 < \frac{\max\left(\mu,0\right)}{w_4}\right]$$

$$\frac{\partial L}{h\left(x_{neg2}\right)} = \left(2 - \frac{2w_2}{M}\right)\left(h\left(x_{neg1}\right) - h\left(x_{neg2}\right)\right)I\left[\|h\left(x_{neg1}\right) - h\left(x_{neg1}\right)\|_2^2 - \|h\left(x_{qry}\right) - h\left(x_{pos}\right)\|_2^2 < \frac{\max\left(\mu,0\right)}{w_2}\right] +$$

$$\left(2 - \frac{2w_3}{M}\right)\left(h\left(x_{neg2}\right) - h\left(x_{pos}\right)\right)I\left[\|h\left(x_{pos}\right) - h\left(x_{neg2}\right)\|_2^2 - \|h\left(x_{qry}\right) - h\left(x_{pos}\right)\|_2^2 < \frac{\max\left(\mu,0\right)}{w_3}\right] +$$

$$\left(2 - \frac{2w_5}{M}\right)\left(h\left(x_{neg2}\right) - h\left(x_{qry}\right)\right)I\left(\|h\left(x_{qry}\right) - h\left(x_{neg2}\right)\|_2^2 - \|h\left(x_{qry}\right) - h\left(x_{pos}\right)\|_2^2 < \frac{\max\left(\mu,0\right)}{w_5}\right)$$

$$(13-5)$$

13.4　压缩节点个数

受 Yao T 等人的论文"Deep Semantic-Preserving and Ranking-Based Hashing for Image Retrieval"和Schroff F 等人的论文"Facenet: A unified embedding for face recognition and clustering"的启发,我们从网络中获得图像的中间特征后,通过节点划分的方式将多维节点划分成大小相等的切片,并将每个切片中的多个节点与输出层对应的一个节点相连,用于生成切片式的部分连接的网络结构。

图13.3(a)所示是本章采用的节点划分的方式,该方式将FC7层的节点划分成等长度(长度为3)的切片,再将切片内的所有节点与输出层(output)的某一个节点进行全连接,从而用于映射到一维的输出。与此对应的是图13.3(b)所示方法,此方法将FC7层与输出层进行全连接。由于图13.3(a)中FC7中每一个节点与下一层节点进行部分连接,因此所需要的参数数量明显小于图13.3(b)。节点划分方式的优势在于:一方面,图13.3(b)中全连接层的参数数量过多,参数计算量繁重,而图13.3(a)通过节点划分方式可将所需参数数量减少,提高了深度网络的训练效率。而另一方面,图13.3(a)采用了局部连接的方式,每一个输出层特征只与前一层对应切片中的节点相关,使得输出向量不同维度之间更具有独立性。

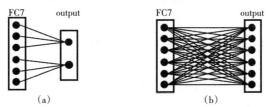

图13.3　局部连接模型和全连接层

本章提出的深度网络经过训练之后,可以用来对输入的图像生成维度为q的哈希码。如图13.4所示,输入图像I经过深度网络生成q维度的图像特征向量$f(I)$,并通过$sign$函数将$f(I)$转化为图像哈希编码,算法为

$$b = sign\big(f(I) - 0.5\big) \qquad (13\text{-}6)$$

其中,$sign(v)$是$sign$函数对向量v的映射,若$v_i > 0$,则$sign(v_i)=1$,否则$sign(v_i)=0$,$i = 1, 2, \cdots, q$。

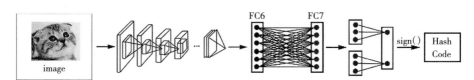

图13.4　用于生成图像表示的深度网络结构

在图像检索任务中,首先将图像库中的所有图像通过图13.4的网络转换为

哈希码,对于任意查询图像,计算其与其他所有图像的汉明距离,公式为

$$Ham\left(b_i, b_j\right) = \sum_{k=1}^{q} D\left(b_{ik}, b_{jk}\right) \qquad (13-7)$$

其中,

$$D\left(b_{ik}, b_{jk}\right) = \begin{cases} 1 & b_{ik} = b_{jk} \\ 0 & b_{ik} \neq b_{jk} \end{cases} \qquad (13-8)$$

式中,b_i 和 b_j 代表图像 i 和图像 j 的哈希码,b_{ik} 代表图像 i 哈希码的第 k 位。最后,按照汉明距离从小到大的顺序排列出针对此查询的检索结果。

13.5　实验

本章提出了一种基于 QCL 的深度网络模型,并在图像集 CIFAR-10[222]、NUS-WIDE[223] 和 SVHN[224] 上验证了其在图像检索任务中的有效性。

13.5.1　图像集

CIFAR10 图像集由属于 10 个不同类别的 60 000 幅图像组成,其中,每一类包含 6000 幅大小为 32×32 的图像。在实验中,我们从训练集的每一类中随机选取 500 幅有标记的图像(共 5000 幅图像)组成训练集,并将每一幅图像的大小调整为 224×224,并随机选取 1000 幅图像(每类 100 张)作为图像测试集合。

NUS-WIDE 图像集包含 269 648 幅从 Flickr 上收集的图像,每幅图像包含一个或多个标签(共 81 种标签)。实验选取 21 类常见的语义标签,且每类语义标签与至少 5000 幅图像相关联。与 CIFAR10 相同,在学习过程中,随机地从每一类中选取 500 幅图像作为训练集,且将每幅图像的大小调整为 224×224 并随机选取 2,100 幅图像作为图像测试集合。

SVHN 是一个包含超过 600 000 幅自然风景图像的图像集,其中,图像分属于 10 个不同的类别,且图像的大小均为 32×32。我们从每一类中随机选取 100 幅图像(共 1000 幅图像)作为测试集合,并从剩下的图像中随机选取 5000 幅图像(每类 500 张)作为训练集。

13.5.2　实验的设置

实验中我们使用 VGG16[166] 作为深度网络架构的基础,且卷积层与全连接层(FC6、FC7)均遵循与 VGG16 网络完全相同的架构。

算法在开源框架 Caffe[198] 下实现,并且实验中采用随机梯度下降(SGD)来训练网络。开始的学习率设置为 0.01,在 CIFAR-10 上迭代 50 000 次、NUS-WIDE

上迭代 30 000 次以及在 SVHN 上迭代 30 000 次之后,我们将学习率降低到 0.001。图像的批大小为 64,权重衰减参数为 0.0002。

13.5.3　评估指标与哈希算法

本章采用图像检索中普遍使用的三种评价指标来衡量算法有效性,分别为平均精度均值(mean average precision, MAP)、汉明距离小于 2 的准确率(precision with hamming radius2)和查准率–查全率(precision–recall, PR)。其中,MAP 是指每个查询图像正确识别的比率,首先需要求得每个类别的 MAP,然后,对这些值求平均,从而计算出整体的 MAP。

汉明距离小于 2 的准确率曲线是指对查询图像与其他图像的汉明距离进行排序,其中汉明距离小于 2 的图像中正确结果所占的比例。查准率(precision)是指查询结果中正确结果占检索结果的比例,查全率(recall)是指查询结果中正确结果占该类别样本的数量的比例,对于每个查询图像进行检索得出的结果所构成的曲线即为 P–R 曲线。我们对本章所提出的图像检索方法与多个基于哈希的图像检索方法进行比较,如:局部敏感哈希(LSH)[213]、迭代量化(ITQ)[210]、监督的核哈希(KSH)[232]、NINH[214]、深度语义排序哈希方法(DSRH)[220]、最小化损失哈希法(MLH)[226]等。

13.5.4　实验结果分析

表 13.1 所列展示了不同算法在三个图像集上的 MAP 结果,且 QCL 的性能比其他不同哈希检索算法的性能更加优越。相比最好的 DSRH 算法,QCL 的 MAP 值比 DSRH 分别提高了 2% 和 1.6%。

图 13.5 和图 13.6 所示为相关算法汉明半径小于 2 的准确率和查准率–查全率的比较。图 13.5(a)、图 13.5(b)和图 13.5(c)分别显示了在三个图像集上的汉明距离小于 2 的准确率曲线。通过实验结果可以发现,大多数的传统方法在使用较长哈希码时的精确度会明显下降,而本章的算法在将哈希码的长度增加到 48 位时,精度下降比较小。本章算法在汉明距离小于 2 且哈希码位数为 48 位时的准确率分别可以达到 65.3%,77.8% 和 78.3%,且在不同位数哈希码的准确率均比其他的哈希算法要高。

图 13.6(a)、图 13.6(b)和图 13.6(c)分别显示了 48 位的编码位数下在不同图像集中的查准率–查全率曲线。从图中可以看到,在三个图像集上,对于特定的编码长度,查准率会随着查全率的增加而逐渐下降。QCL 的最高查准率比 KSH 分别提高了 15.5%,2.3% 和 16.8%,与 DSRH 和 NINH 两种深度网络模型相比,由

于本章算法中更加全面地考虑了数据之间的关系,且采用部分连接方式以增加数据之间的独立性,因此本章算法在进行图像检索中能够达到良好的性能,算法的准确率达到90.4%。

表13.1　不同算法在图像集上的MAP

Method	CIFAR-10(MAP)				NUS-WIDE(MAP)				SVHN(MAP)			
	12bits	24bits	32bits	48bits	12bits	24bits	32bits	48bits	12bits	24bits	32bits	48bits
ITQ[210]	0.162	0.169	0.172	0.175	0.452	0.468	0.472	0.477	0.127	0.132	0.135	0.139
MLH[226]	0.182	0.195	0.207	0.211	0.500	0.514	0.520	0.522	0.147	0.247	0.261	0.273
DSTH[227]	N/A				0.507	—	0.509	0.520	N/A			
KSH[225]	0.303	0.337	0.346	0.356	0.556	0.572	0.581	0.588	0.469	0.539	0.563	0.581
Zhang et al [228]	0.351	—	0.380	0.390	0.574	—	0.562	0.530	N/A			
NINH[214]	0.552	0.566	0.558	0.581	0.674	0.697	0.713	0.715	0.899	0.914	0.925	0.923
DSRH[220]	0.793	0.795	0.788	0.782	0.825	0.874	0.861	0.881	N/A			
PQN[246]	0.741	0.782	0.787	0.786	0.795	0.819	0.823	0.830	N/A			
QCL	0.787	0.796	0.792	0.801	0.802	0.882	0.873	0.896	0.856	0.889	0.912	0.934

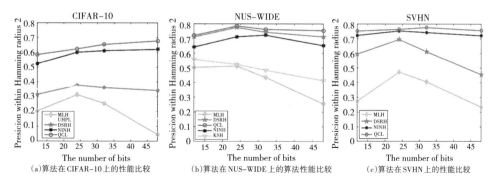

(a)算法在CIFAR-10上的性能比较　　(b)算法在NUS-WIDE上的算法性能比较　　(c)算法在SVHN上的性能比较

图13.5　QCL与一些优秀的算法使用汉明半径小于2的准确率曲线在三个图像集上的比较

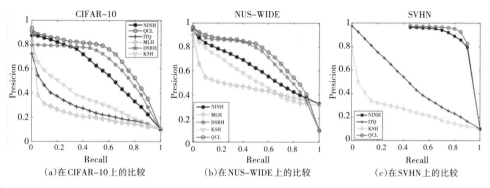

(a)在CIFAR-10上的比较　　(b)在NUS-WIDE上的比较　　(c)在SVHN上的比较

图13.6　QCL(48位编码)与一些优秀算法的汉明排序的查准率–查全率曲线比较

13.6 本章小结

本章在三元组排序损失的基础上,提出了一种四元组完备损失 QCL。与三元组排序损失不同,QCL 将图像类间相似性小于类内相似性的特点融入损失函数的构件中,并且更全面地考虑了查询图像与同类和不同类图像之间的相似性关系。此外,本章在 QCL 基础上 ,将共享卷积层与节点划分融入深度哈希网络的构建中,用于实现大规模图像检索。

在未来的工作中,我们将深入研究自适应间隔与对象内容的关系,将卷积层特征映射可以发现对象区域的特性融入自适应间隔的计算方法中,并将此种方法应用于司法系统的视频监控管理中。

第十四章　基于深度有判别力卷积哈希的图文跨模态检索方法

随着多模态数据的快速增长,跨模态哈希以其低存储成本和高检索效率受到了广泛的关注。跨模式哈希的核心问题是如何弥合语义鸿沟以生成强大的哈希码。大多数现有方法直接将从不同模态数据学习到的特征嵌入统一的汉明空间中。由于不同模态数据中均存在非信息性内容,因此这些方法通常无法获得令人满意的性能。在本文中,我们提出了一种跨模态哈希方法,称为深度有判别力卷积哈希(DDCH)方法,它可以突出信息内容,同时减少语义鸿沟。具体地说,DDCH根据图像的卷积特征学习对象特征,并使用提出的成对损失来捕获图像、对象和文本之间的语义相关性。此外,DDCH可以通过学习到的标签特征有效地定位对象,并且可以在分类框架下生成有判别力的二进制代码。实验结果表明,我们的DDCH方法可以在三个具有挑战性的数据集上获得较好的性能。

14.1 背景知识介绍

在过去的几十年中,因特网上的多媒体数据正在迅速增长,这些数据通常具有多种形式。跨模态检索旨在通过查询某种模态的数据,从而获得另外一种模态搜索相关结果。跨模态哈希方法首先将来自不同模态的实例编码到公共的汉明空间中,然后通过快速的按位XOR运算来计算实例之间的相似度。这些方法既可以减少语义鸿沟,又可以提高搜索效率。

一些论文在浅层架构上提出了基于跨模态哈希方法,例如多峰潜在二进制嵌入(MLBE)[247]和保留语义的哈希(SePH)[248]。这些方法包括两个步骤:第一,手工制作描述子被提取出用于表示多峰数据;第二,一些线性或非线性哈希函数学习将这些表示投影到一个统一的汉明空间。由于手工制作的描述子无法缩小语义差距,因此无法获得令人满意的结果。

近年来,深度学习已被广泛应用于计算机视觉任务,例如图像分类,图像分割和目标检测。深度网络成功学习了高层次特征,因此被应用的信息检索中。深度交叉模态哈希方法可以捕获非线性跨模态实例之间的相关性,并显示出卓越的检索性能。在不失一般性前提下,此问题的研究多集中在学习双峰数据(即图像和文本)的哈希码。现有的代表性方法包括DCMH[255],离散交叉模式散列(DCH)[256],周期一致的深度生成散列(CYC-DGH)[257],深度视觉语义哈希(DVSH)[258]和成对关系引导的深度哈希(PRDH)[259]。但是,这些方法仍然存在一些缺点。首先,这些方法用不同的方式将数据转变到统一的汉明空间,由于多模态数据之间的异质性较大,因此哈希码之间的距离通常很大;其次,学习得到的深度特征无法突出内容丰富的部分。输出的深度特征可以视为实例的全局信息,然而,同时内容丰富的部分特征更应该引起人们的注意,即对象特征。相比之下,卷积特征具有语义属性并且可以有效表示对象。因此,我们提出了解决这两个局限性的跨模式检索方法DDCH。

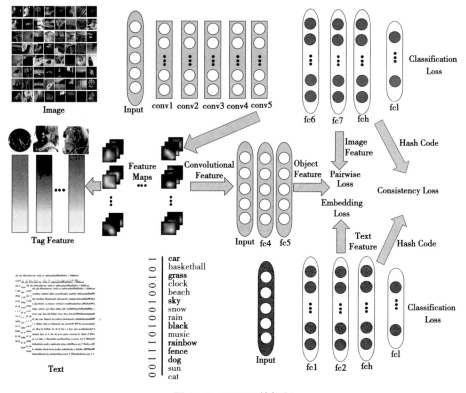

图14.1　DDCH的框架

图14.1所示描绘了我们的DDCH框架,框架将图像和文本数据转换为公共

对象特征空间,然后将学习到的特征编码为哈希码。此外,学习了线性分类器来预测标签,因此学到的哈希码应具有判别性。DDCH的贡献可以总结如下:

(1)我们以端到端的方式生成哈希码,用于跨模式检索。本算法开创性地将图像特征和文本特征嵌入对象特征空间,用于产生信息语义哈希码。

(2)标签用于有判别力的哈希代码。同时,我们还可以学习标签特征用于有效地定位对象。

(3)实验结果表明,我们的DDCH优于某些最新的跨模态检索方法。

14.2　相关工作

最近,跨模态哈希方法被广泛用于信息检索,这些方法通常可以分为无监督方法和有监督方法。

无监督方法通过保留无标记训练数据的结构学习哈希函数。例如,媒体间哈希(IMH)[265]通过线性哈希函数将多模态数据映射到公共的汉明空间。交替共量化(ACQ)[266]通过最小化二进制来学习跨模态哈希函数量化误差。此外,一些方法采用矩阵分解学习用于生成统一的哈希码。集体矩阵分解哈希(CMFH)[267]利用潜在因子模型的集合矩阵分解生成统一的哈希码。潜在语义稀疏散列(LSSH)[268]采用稀疏编码和矩阵分解学习图像和文本的特征,然后对特征进行映射生成哈希码。

另一方面,有监督的方法可以探索异构数据之间的相关性并减少有标签信息的语义差距。语义保留哈希(SePH)[248]将给定的语义仿射转换为概率分布,然后嵌入汉明空间的概率分布。S Kumar等人[269]提出了一种多视图哈希方法来编码相似对象,使之变成相似的代码。语义相关最大化算法(SCM)[270]将语义标签集成到多模态哈希中学习。这些传统方法大多主要针对浅层特征和线性投影,因此异构数据之间的关系无法得到充分探索。

近年来,深度学习已被广泛应用于跨模态哈希方法。目前的研究已经提出了许多成对损失函数用于训练深度网络。深度跨模式哈希(DCMH)[255]是最具代表性的方法之一,此算法在同一个深度框架中学习特征和哈希码,所提出的模态成对损失可以有效地保留跨模式相似性。作为DCMH的扩展,配对关系引导的深度哈希(PRDH)[259]整合模式内和模式间成对约束,用于提高检索性能。此外,深度有监督跨模态检索(DSCMR)[271]考虑了模态内成对损失、模态间成对损失和分类错误检索,但是,生成的特征是实数值。自监督的对抗哈希(SSAH)[272]将对抗学习引入跨模式哈希并利用成对损失衡量异构数据之间的差距。跨模态汉明哈希(CMHH)[273]研究了不同实例对的重要性,并在相似的跨模态对上施加更大的惩罚。另外,还提出了三元组的损失。基于三元组的深度哈希(TDH)[274]将三元组标签用作监督信息以捕获实例之间的语义关系。

注意力感知哈希方法可以有效地保持不同模态的语义一致性。基于注意力感知的深度对抗哈希(ADAH)[275]通过有注意力和无注意力的特征表示学习哈希函数。保留多任务一致性的对抗哈希(CPAH)[376]将不同模态的表示划分为模态通用和模态私用表示用于学习的注意力图,并在对抗方式学习有判别力跨模态哈希码。离散跨模态哈希(DCH)[256]学习了对分类有效的有判别力二进制代码。多模态有判别力的二进制嵌入(MDBE)方法[277]利用标签发现异构数据的结构并根据分类学习哈希码。

最近的研究表明,嵌入更多的有用信息可以进一步提高检索性能。文字视觉深度二进制算法(TVDB)[279]使用区域提议网络[33]选择吸引人的图像区域,然后将这些区域和内容丰富的单词编码为生成统一的哈希码。但是,图像表示通过区域中的特征的平均值计算得到,因此图像表示的能力不强。为了生成语义哈希码,属性导向网络(AgNet)[280]将图像和文本特征在语义上嵌入相同的属性空间。但是,以上方法中生成的哈希码仍然包含较少语义信息。

本章致力于充分探讨卷积特征和对象特征两者之间的关系,然后将图像特征和文本特征嵌入同一对象特征空间,生成语义二进制代码以改善检索性能。

14.3　跨模态哈希方法

在本节中,我们将介绍 DDCH 的详细信息。在不失一般性的前提下,我们仅关注双峰数据(即图像和文本)。

14.3.1　问题描述

给定 n 个实例的样本集合 $O = \left\{ o_i \right\}_{i=1}^{n}$,每个样本包含图像和文本模态,此处用 $X = \left\{ x_i \right\}_{i=1}^{n}$ 和 $Y = \left\{ y_i \right\}_{i=1}^{n}$ 分别代表图像和文本。这些实例的类别用 $L = \left\{ l_i \right\}_{i=1}^{n} \in R^{c \times n}$ 表示,其中 c 代表类别的数量。如果 o_i 属于类别 j,则 $l_{ij} = 1$,否则 $l_{ij} = 0$。S 代表跨模态相似度,用于衡量不同模态实例之间的相似性,如果 o_i 和 o_j 拥有至少一个相同的类别,那么 $S_{ij} = 1$,否则 $S_{ij} = 0$。

由于图像和文本的统计特性不同,因此很难直接进行比较。为此,跨模态哈希方法通常会为每种模态学习不同的哈希函数,并且期望生成统一的哈希码用于保留S中的相似性。

14.3.2 具有语义特性的卷积特征

可以从特征映射中提取卷积特征用于表示图像。MAC[261]将每个通道最大响应值进行连接用于表示图像,此方法可以获得较好的检索性能。在随后的工作,SCDA[262]宣布在特征映射中的高响应值位置可以表明对象区域。我们认为,CNN中的每个过滤器都对某种具有语义属性的独有的特征感兴趣。如图14.2所示,我们从VGG16的conv5层中提取出了6个特征映射以及与最高响应相对应的区域。注意,每个区域具有唯一的语义属性,例如天空,眼睛,腿,草,毛发和皮带。因此,将卷积特征融入跨模态哈希方法可以生成包含更多语义的二进制代码。

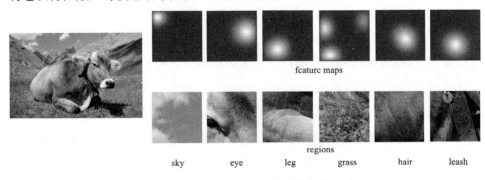

图14.2　特征映射以及对应的最大值区域

14.3.3 网络架构

如图14.1所示,提出的DDCH框架主要由三个子网组成,分别是图像、对象和文本子网络。

通过五个卷积层conv1~conv5和两个全连接层fc6和fc7来提取图像特征,这7层的设置与VGG16[281]相同。fch是哈希层,它输出学习到的二进制代码,此层的激活函数为sign。此外,我们使用带有c个节点的分类层fcl学习标签,其激活函数为sigmoid。

对象特征通过卷积特征进行学习。具体来说,我们使用从图像网络的conv5层的卷积特征作为对象网络的输入,其后是两个全连接层fc4和fc5,用于生成对象特征。fc4层和fc5层的激活函数都是ReLU。

我们使用单词袋(BoW)向量作为文本网络的输入,BoW向量可以被两个全连接层fc1和fc2映射到文本特征。数字这两个层中的代码分别是8192和512。

此外，文本网络与图像网络共享相同的哈希层 fch 和分类层 fcl。

14.3.4　学习深度卷积哈希码

图像特征网络、对象特征网络和文本特征网络用于学习图像特征 $F \in R^{m \times n}$，对象特征 $U \in R^{m \times n}$ 和文本特征 $G \in R^{m \times n}$。m 代表特征的维度。令 $F_{*i} = f(x_i; \theta_x) \in R^m$，$G_{*i} = O(y_i; \theta_y) \in R^m$ 和 $G_{*i} = O(y_i; \theta_y) \in R^m$ 代表学习到的实例 o_i 的图像、对象和文本特征。θ_x, θ_z 和 θ_y 代表三个网络的参数。为了保证成对相似性，我们构建了如下目标函数：

$$\min_{\theta_x, \theta_y, \theta_z} L_{pair} = -\sum_{i,j=1}^n \left(S_{ij} \theta_{ij}^{v,t} - \log\left(1 + e^{\theta_{ij}^{v,t}}\right) \right)$$
$$-\sum_{i,j=1}^n \left(S_{ij} \theta_{ij}^{u,v} - \log\left(1 + e^{\theta_{ij}^{u,v}}\right) \right) \qquad (14\text{-}1)$$
$$-\sum_{i,j=1}^n \left(S_{ij} \theta_{ij}^{t,u} - \log\left(1 + e^{\theta_{ij}^{t,u}}\right) \right)$$

式中，$\theta_{ij}^{v,t} = \frac{1}{2} F_{*i}^T G_{*j}$，$\theta_{ij}^{u,v} = \frac{1}{2} U_{*i}^T F_{*j}$ 并且 $\theta_{ij}^{t,u} = \frac{1}{2} G_{*i}^T U_{*j}$。似然函数定义为

$$P\left(S_{i,j} \mid Q_{*i}^\alpha, Q_{*j}^\beta\right) = \begin{cases} \sigma\left(\theta_{i,j}^{\alpha,\beta}\right), & S_{i,j} = 1 \\ 1 - \sigma\left(\theta_{i,j}^{\alpha,\beta}\right) S_{i,j}, & S_{i,j} = 0 \end{cases} \qquad (14\text{-}2)$$

式中，$\alpha \in \{v, u, t\}, \beta \in \{v, u, t\}, \sigma\left(\theta_{i,j}^{\alpha,\beta}\right) = \frac{1}{1 + e^{-\theta_{ij}^{\alpha,\beta}}}$。$Q^v, Q^u$ 和 Q^t 分别代表 F, U 和 G。使公式（14-1）最小化可以使学习到的三个模态的特征保持实例的一致性。

在我们看来，卷积特征具有语义特性，因此，通过对象网络学习的特征可以表示对象。我们通过将图像特征和文本特征嵌入对象特征空间中来消除异质性。具体来说，我们将图像特征和对象特征以及文本特征和对象特征之间的距离最小化。另外，即使相同类别的图像也可能包含不同的标签，但是每幅图像通常包含多个标签。导致所学习的类特征不能准确地描述不同的实例。相反，DDCH 根据卷积特征学习标记特征，这有助于表示每个图像。嵌入损失函数的公式为

$$\min_{\theta_x, \theta_y, \theta_z, D} L_{emb} = \|U - F\|_F^2 + \|U - G\|_F^2 + \|C - DT\|_F^2 \qquad (14\text{-}3)$$

其中，$C \in R^{k \times n}$，代表 MAC 特征，k 为 MAC 特征的维度。$D \in R^{k \times d}$ 代表标签特征，d 为标签的数量。$T = [t_1, t_2, \cdots, t_n] \in R^{d \times n}$ 代表实例的标签矩阵，如果第 j 个实例包含标签 i，则，否则 $T_{ij} = 0$。显然，公式（14-3）可以将 F 和 G 嵌入对象特征空间中。最小化前两个项可以使 F 和 G 趋于均匀并且接近 U。因此，有助于减少语

义鸿沟。此外,我们假设图像的MAC特征可以由相应标签特征的线性组合表示,因此,可以通过最小化第三项来学习标签特征。

DDCH根据学习到的深度特征学习图像和文本模态的二进制代码。为了使两种模态生成统一的二进制码,我们将一致性损失公式定义为

$$\min_{\theta_x,\theta_y,\theta_z,D_h} L_{con} = \left\| B^x - B^y \right\|_F^2 \tag{14-4}$$

其中,θ_h 为图像与文本的哈希层参数,$B^x \in \{-1, +1\}^{m \times n}$ 和 $B^y \in \{-1, +1\}^{m \times n}$ 代表图像网络和文本网络生成的二进制码,最小化式(14-4)可以匹配跨模式哈希的目标。有判别力的表示通常被认为是适合于分类任务,我们希望学习的二进制码具有判别性。具体来说,我们为图像和文本模态设计了一个线性分类器。给定标记向量l,分类损失公式为

$$\min_{\theta_x,\theta_y,\theta_z,\theta_h,\theta_c} L_{cla} = -\sum_{i=1}^{c} l_i \log\left(r_i\right) \tag{14-5}$$

式中,$r_i \in \{r_i^v, r_i^t\}$,r代表分类层的输出,θ_c代表分类层的参数。

DDCH最终的目标函数为

$$\min_{\theta_x,\theta_y,\theta_z,\theta_h,\theta_c,D} L_{ove} = L_{pair} + \alpha_1 L_{emb} + \alpha_2 L_{con} + \alpha_3 L_{cla} \tag{14-6}$$

式中,α_1、α_2和α_3为三项的权重。

14.3.5 优化

与大多数跨模态方法相同,我们通过交叉学习来训练公式(14-6)中的参数和$\theta_x,\theta_z,\theta_y,\theta_h,\theta_c$和$D$,在每批中每次只更新一个参数,而其他参数保持不变。

步骤1:学习θ_x

固定θ_y和θ_z,图像特征网络参数θ_x可以通过BP算法与随机梯度下降法学习到。对任意图像x_i,我们用如下方法计算梯度:

$$\begin{aligned}
\frac{\partial L_{ove}}{\partial F_{*i}} = &\frac{1}{2}\sum_{i=1}^{n}\left(\sigma\left(\theta_{ij}^{v,t}\right)G_{*j} - S_{ij}^{v,t}G_{*j}\right) + \\
&\frac{1}{2}\sum_{j=1}^{n}\left(\sigma\left(\theta_{ij}^{u,v}\right)U_{*j} - S_{ij}^{u,v}U_{*j}\right) + \\
&2\alpha_1\left(F_{*i} - U_{*i}\right)
\end{aligned} \tag{14-7}$$

$\frac{\partial L_{ove}}{\partial \theta_x}$ 可以通过 $\frac{\partial L_{ove}}{\partial F_{*i}}$ 与链式求导法获得。

步骤2:学习θ_y

$\theta_x\theta_z$,我们可以通过BP算法更新文本特征网络的参数θ_y,对文本,计算梯度为

$$\frac{\partial L_{ove}}{\partial G_{*i}} = \frac{1}{2}\sum_{i=1}^{n}\left(\sigma\left(\theta_{ij}^{v,t}\right)F_{*i} - S_{ij}^{v,t}G_{*i}\right) +$$
$$\frac{1}{2}\sum_{i=1}^{n}\left(\sigma\left(\theta_{ij}^{u,v}\right)U_{*i} - S_{ij}^{t,u}G_{*i}\right) + \qquad (14\text{-}8)$$
$$2\alpha_1\left(G_{*j} - U_{*j}\right)$$

步骤3:学习 θ_z

固定 θ_y 与 θ_z ,对象特征网络的参数 θ_z 可以用BP算法得到。对于任意的 z_j ,我们计算梯度为

$$\frac{\partial L_{ove}}{\partial U_{*j}} = \frac{1}{2}\sum_{i=1}^{n}\left(\sigma\left(\theta_{ij}^{u,v}\right)F_{*i} - S_{ij}^{u,v}F_{*i}\right) +$$
$$\frac{1}{2}\sum_{i=1}^{n}\left(\sigma\left(\theta_{ij}^{t,u}\right)G_{*i} - S_{ij}^{t,u}G_{*i}\right) + \qquad (14\text{-}9)$$
$$2\alpha_1\left(U_{*j} - F_{*j}\right) + 2\alpha_1\left(U_{*j} - G_{*j}\right)$$

步骤4:学习 D

固定 C ,令 L_{ove} 关于 D 的导数为0

$$\frac{\partial L_{ove}}{\partial D} = 2\alpha_1\left(DTT^{\top} - CT^{\top}\right) = 0 \qquad (14\text{-}10)$$

D 可通过如下方式得到

$$D = CT^{\top}\left(TT^{\top}\right)^{-1} \qquad (14\text{-}11)$$

步骤5:学习 θ_h

在固定 θ_x 、 θ_y 和 θ_z 的前提下,梯度计算为

$$\frac{\partial L_{ove}}{\partial B_{*i}^{x}} = 2\alpha_2\left(B_{*i}^{x} - B_{*i}^{y}\right) \qquad (14\text{-}12)$$

$$\frac{\partial L_{ove}}{\partial B_{*j}^{y}} = 2\alpha_2\left(B_{*j}^{y} - B_{*j}^{x}\right) \qquad (14\text{-}13)$$

此外,哈希层的激活函数为sign,因此BP过程中导数处处为0,为了解决这个问题,我们采用了 straight–through estimator[282]来计算sign函数的导数。

步骤6:学习 θ_c

我们通过BP算法学习 θ_c ,梯度计算方法为

$$\frac{\partial L_{ove}}{\partial r_i} = -\alpha_3\frac{l_i}{r_i} \qquad (14\text{-}14)$$

算法1：深度有判别力的卷积哈希

输入：训练实例 $O = \{x_i, y_i\}_{i=1}^n$，类标 L 和相似性矩阵 S

输出：网络参数 θ_x, θ_y 和 θ_z，哈希层参数 θ_h，分类层参数 θ_c，标签矩阵 D

初始化：初始化参数 $\theta_x, \theta_y, \theta_z, \theta_h, \theta_c$，批数量 $M = 128$，迭代次数 $N = \lceil n/M \rceil$

repeat

for $iter = 1, 2, \cdots, N$ do

采样 M 个实例用于构建一个批次

对于每一个实例 $o_i = (x_i, y_i)$，通过前馈方法计算 $F_{*i} = f(x_i; \theta_x)$，$G_{*i} = O(y_i, \theta_y)$ 和 $U_{*i} = g(z_i, \theta_z)$

根据步骤1、步骤2和步骤3中的公式(14-7)、公式(14-8)和公式(14-9)，用于更新参数 θ_x, θ_y 和 θ_z

End for

根据步骤4中的公式(14-11)学习 D

for $iter = 1, 2, \cdots, N$ do

采样 M 个实例用于构建一个批次

根据步骤5中的公式(14-12)和(14-13)更新 $\theta_x, \theta_y, \theta_z$ 和 θ_h

End for

for $iter = 1, 2, \cdots, N$ do

采样 M 个实例用于构建一个批次

根据步骤6中的公式(14-14)更新 $\theta_x, \theta_y, \theta_z, \theta_h$ 更新 θ_c

End for

until a fixed number of iterations

14.4　实验

我们把DDCH与一些优秀的方法在MIRFLICKR-25K[283]，NUS-WIDE[223]和Wiki[284]图像库上进行了比较，用以测试检索性能。

14.4.1　数据集

MIRFLICKR-25K数据集包含25000张从Flicker收集的图像。每个图像都有多个文本标签，并且被分为24个类别当中的一个。与X Xu等人的论文"Learning discriminative binary codes for large-scale cross-modal retrieval"中一样，实验中我们删除了少于20个文本标签的实例。每个文本都表示为1386维BoW向量。

NUS-WIDE数据集包含260 648个图像文本对，每个图像文本对带有一个或多个标签。与C Li等人在论文"Self-supervised adversarial hashing networks for cross-modal retrieval"和Jiang Q Y等人在论文"Deep cross-modal hashing"中一样，我们仅选择属于21个最常见的类别。每个文本都表示为1000维BoW向量。

Wiki数据集包含2866个对来自维基百科的图像文本。数据集中有10个类别。每文本表示为1000维BoW向量。

对于MIRFLICKR-25K数据集,随机选择2000个图像文本对作为查询集,其余的对被视为检索集,此外,从检索集中随机选择1000个图像文本对作为训练集。对于NUS-WIDE数据集,5%图像标签对被随机选择为查询集,并且其余的图像-文本对被视为检索组。与Mikolajczyk K等人的论文"Deep cross-modal hashing"中一样,从检索集随机选择10500个图像文本对作为训练集。对于Wiki数据集,选择25%的图像文本对作为查询集,其余的图像标签对被视为检索集。由于数据集较小,我们使用检索集用于训练网络。

14.4.2　衡量标准

我们通过使用以下方法三个评估标准来评估方法的性能:平均精度均值(MAP),topN精度和查准率查全率(PR)曲线。前两个条件在查询实例和返回的实例之间,根据汉明距离评估性能。较大的值表明在这两个条件下检索性能更好。虽然第三个条件PR曲线返回给定汉明半径内的实例查询实例,其可以反映出在不同精确度下的召回值。

14.4.3　基准方法和实施细节

为了验证DDCH的有效性,我们将实验结果和九种最新的交叉模式检索方法进行了比较,其中包括七种有监督方法SePH[248],DCH[256]、TDH[274]、DCMH[255]、PRDH[259]、ADAH[275]和SSAH[272]以及两种无监督的方法DBRC[285]和MGAH[286]。

在我们的实验中,我们设置$a_1 = a_2 = a_3 = 1$,并采用VGG16中的参数初始化图像特征网络,而其他的网络参数都进行随机初始化。在训练过程中,我们将最小批量大小设置为64,迭代次数为600。

14.4.4　与优秀算法的比较

表14.1所列比较了不同方法在img2txt任务和txt2img任务的MAP值。总体而言,我们的DDCH在这三个数据集上优于其他所有跨模态检索方法。哈希码的长度对MAP值的影响很大,此处在实验中,我们将长度设置为16位、32位和64位。由于更长的哈希码长度可以保留更多信息,我们发现MAP值随着哈希码长度的增加而增加。由于文字特征比图像特征包含更多的语义信息,因此可以在txt2img任务上获得比img2txt任务更高MAP值。由于深度特征比浅层特征包含更多的语义信息,使用浅层特征的SePH和DCH比其他基于学习的深层方法差。MGAH可以产生有判别力的哈希码,DBRC可以保留模态内部和模态间特征的一致性。但是,这两种方法无监督的深度学习方式,因此结果不如TDH、DCMH,

PRDH, ADAH, SSAH 和 DDCH 等有监督深度学习方法。DCH 使用浅特征和线性投影矩阵为两种模式的数据学习统一的哈希码, 相反, 我们使用深度网络和类似的线性投影矩阵学习哈希码。如结果, 我们在 64 位哈希码的前提下, 在 MIR-FLICKR-25K、NUS-WIDE 和 Wiki 数据集中的检索性能提高了 10%, 6%, 8%。DDCH 的优越性主要由于成对损失的有效性, 这种损失可以突出对象内容并捕获图像, 对象和文本之间的相关性。SSAH 使用卷积特征来定位对象并可以获得第二好的结果, 但是, 生成的哈希码包含的语义信息仍然少于 DDCH。DCMH 和 PRDH 将图像特征和文本特征直接嵌入汉明空间中。相反, DDCH 将图像特征和文本特征嵌入对象特征空间, 并获得更好的性能。此外, 我们还可以发现有些方法在不同任务上的表现要强于彼此。例如, 在 img2txt 任务上, SSAH 胜过 ADAH, 而在 txt2img 任务上, ADAH 的表现胜过 SSAH, 而我们的 DDCH 始终优于其他所有方法。

表 14.1 不同算法的 MAP 值

Task	Method	MIRFLICKR-25K			NUS-WIDE			Wiki		
		16bits	32bits	48bits	16bits	32bits	48bits	16bits	32bits	48bits
img2txt	DBRC	0.5873	0.5898	0.5902	0.3939	0.4086	0.4166	0.2534	0.2648	0.2686
	SePH	0.6326	0.6432	0.6457	0.5632	0.5651	0.5689	0.2286	0.2354	0.2396
	DCH	0.6873	0.6734	0.6865	0.5725	0.5840	0.5860	0.3410	0.3562	0.3694
	MGAH	0.7021	0.6951	0.7026	0.6087	0.6187	0.6197	0.3654	0.3701	0.3782
	TDH	0.7021	0.7123	0.7221	0.6067	0.6121	0.6184	0.4025	0.4124	0.4258
	DCMH	0.7312	0.7358	0.7467	0.5842	0.5864	0.5903	0.4639	0.4806	0.4873
	PRDH	0.7465	0.7501	0.7592	0.6021	0.6211	0.6258	0.4760	0.4881	0.4973
	ADAH	0.7563	0.7719	0.77200	0.6303	0.6394	0.6420	0.4754	0.4880	0.4936
	SSAH	0.7720	0.8093	0.8108	0.6359	0.6416	0.6481	0.4834	0.4922	0.5024
	DDCH	0.7973	0.8097	0.8164	0.6428	0.6513	0.6693	0.4982	0.5143	0.5224
Txt2img	DBRC	0.5883	0.5963	0.5962	0.4249	0.4294	0.4381	0.5439	0.5377	0.5476
	SePH	0.7762	0.7835	0.7863	0.6146	0.6235	0.6321	0.6021	0.6105	0.6138
	DCH	0.7452	0.7657	0.7768	0.6301	0.6523	0.6721	0.6952	0.7021	0.7196
	MGAH	0.6754	0.6774	0.6821	0.5974	0.6075	0.6238	0.6767	0.6831	0.6934
	TDH	0.7364	0.7423	0.7485	0.6498	0.6657	0.6721	0.6856	0.6956	0.7024
	DCMH	0.7687	0.7692	0.7735	0.6249	0.6318	0.6326	0.7025	0.7136	0.7205
	PRDH	0.7890	0.7955	0.7964	0.6527	0.6716	0.6720	0.7085	0.7186	0.7321
	ADAH	0.7922	0.8062	0.8074	0.6689	0.6732	0.6739	0.7052	0.7210	0.7343
	SSAH	0.7816	0.7968	0.7986	0.6534	0.6757	0.6832	0.6982	0.7127	0.7235
	DDCH	0.7980	0.8230	0.8325	0.6984	0.7125	0.7256	0.7367	0.7464	0.7469

我们方法的目标函数有四项, 包括 L_{pair}, L_{emb}, L_{con} 和 L_{cla}。为了进一步研究这四个损失的有效性, 我们在表 14.2 列出了在使用其中一些损失函数时的 MAP 值。

DCMH[255]中考虑了成对损失和一致性损失,这类似于DDCH中的$L_{pair} + L_{con}$。由于我们学到的二进码中包含了语义特性,因此,DDCH在使用$L_{pair} + L_{con}$的前提下,结果优于DCMH。PRDH除了考虑模态内部和模态间的关系,同时也考虑了哈希码不同比特之间的关系,因此,PRDH的结果略高于使用$L_{pair} + L_{con}$的DDCH。在L_{emb}和L_{cla}的帮助下,DDCH学习到的哈希码同时包含语义性和判别行,因此可以得到最好的结果。

表14.2　DDCH在不同损失函数下的MAP

Task	Loss	MIRFLICKR-25K			NUS-WIDE			Wiki		
		16bits	32bits	48bits	16bits	32bits	48bits	16bits	32bits	48bits
Img2txt	$L_{pair} + L_{con}$	0.7387	0.7467	0.7563	0.5965	0.6049	0.6132	0.4735	0.4876	0.4967
	$L_{pair} + L_{emb} + L_{con}$	0.7597	0.7862	0.7943	0.6032	0.6168	0.6206	0.4786	0.4914	0.5048
	$L_{pair} + L_{emb} + L_{con} + L_{cla}$	0.7973	0.8097	0.8164	0.6428	0.6513	0.6693	0.4982	0.5143	0.5224
txt2img	$L_{pair} + L_{con}$	0.7765	0.7835	0.7875	0.6476	0.6532	0.6682	0.7084	0.7127	0.7237
	$L_{pair} + L_{emb} + L_{con}$	0.7867	0.8031	0.8186	0.6739	0.7018	0.7136	0.7145	0.7268	0.7313
	$L_{pair} + L_{emb} + L_{con} + L_{cla}$	0.7980	0.8230	0.8325	0.6984	0.7125	0.7256	0.7367	0.7464	0.7469

图14.3所示展示了在所有图像集中,所有算法在32位哈希码情况下的topN精度曲线。很明显,我们的DDCH方法在两种情况下都能获得最高的性能。

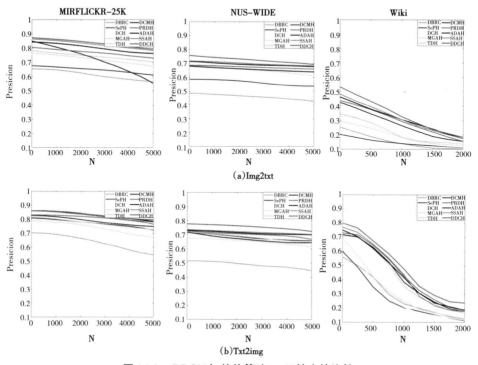

图14.3　DDCH与其他算法topN精度的比较

图 14.4 所示展示 32 位哈希码情况下的 PR 曲线。同样可以发现,我们的
DDCH 方法在不同召回率情况下结果均优于其他方法。

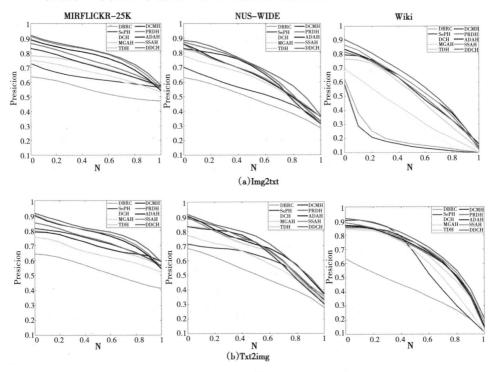

图 14.4　DDCH 与其他算法 PR 曲线的比较

14.4.5　标签特征分析

在这一部分中,我们将研究学习到的标签特征的作用。具体来说,DDCH 将
图像的卷积特征认为是对应标签特征的简单线性组合。为了验证标签特征的有
效性,我们首先将文本表示为标签特征的线性组合,并用 MAC 特征表示图像,然
后进行 txt2img 和 img2txt 检索实验。与 DDCH 相比,基于标记特征的检索在所有
数据集中都略低。结果表明我们的标签特征和卷积特征同样可以有效地表示实
例。产生此结果的另一个原因是因为较长的代码长度可以包含更详细的信息,
标记特征的长度为 512,而通常哈希码的长度要小得多。类似 DDCH,MDBE[277]
学习类别的特征,这些特征有助于生成有判别力哈希码。但是,DDCH 标签的特
征可以保留更多的对象信息。

标签特征是通过卷积特征学习得到的,因此,标签特征也可以有效地定位
对象。我们随机选择一些标签用于显示标签特征与对象区域之间的关系。对

于每个标签特征,我们在所有维度中选择3个最大值的维度,图14.5所示为相应的特征映射。我们可以看到特征映射可以大致定位标签对象或标签对象的某些部分。

图14.5　学习到的标签对象区域

此外,我们还进行了另一项实验以类似的方式发现类别对象区域。具体来说,我们将学习的对象特征视为对应于特定类别的对象特征的线性合并,图14.6所示为类别对象特征值最大的3个维度对应的特征映射。结果表明,类别对象特征也可以有效地发现类别对象所在的区域。

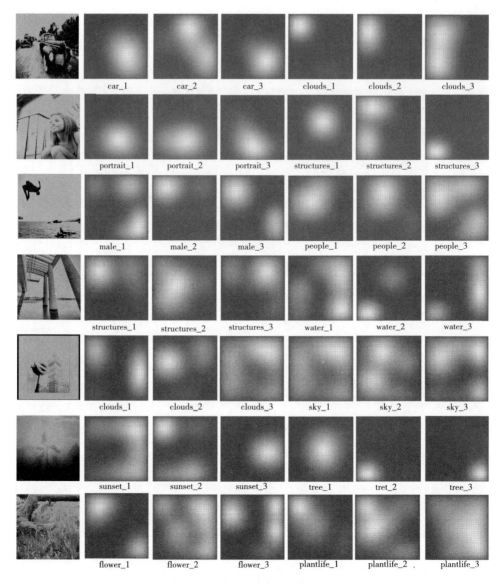

图14.6 学习到的类别对象区域

14.4.6 参数灵敏度分析

在我们的实验中,在DDCH的总体目标函数中,我们根据经验设置 $a_1 = a_2 = a_3 = 1$。其中,a_1,a_2和a_3用于控制不同损失的权重,这里我们分析这三个参数对于学习跨模态哈希码的影响。我们在 $\{0; 0.2; 0.4; 0.6; 0.8; 1\}$ 的范围中调整 a_1,a_2和a_3,并在32位哈希码的前提下计算MAP值用于评估检索性能。具体来说,我们评估某个参数灵敏度的时候保持其他参数值为1。我们记录了参数分别为1,2和3中的MAP得分,如图14.7所示。

图14.7所示为a_1,a_2和a_3在不同值时的MAP值,我们发现:

(1)每个参数的变化都会影响MAP值,这说明所有这三个损失有效地提高了检索性能。

(2)a_1的变化对于MAP值的影响非常大,而a_2的影响相对较弱,原因是嵌入损失可以在突出对象特征的同时,使不同模态学习到的特征趋于一致,而一致性损失仅使二进制不同模态的哈希码更相似。

(3)我们调整a_2和a_3的实验中发现,当我们使用$a_2 = 0.6$和$a_3 = 0.8$时获得最佳的MAP。注意在两种情况a_1下均为1,这个结果同样表明了嵌入损失的重要性。

(4)当$a_2 = 0$或者$a_3 = 0$的时候,DDCH不考虑一致性损失或分类损失。实验中,后者的检索性能劣于前者,这表明分类损失比一致性损失更重要。

(5)我们手动调整这三个参数,当我们使用$a_1 = 1, a_2 = 0.5, a_3 = 0.6$的时候,img2txt任务上的最好MAP值为0.8302,0.6738和0.5364,txt2img任务上的最好MAP值为0.8468,0.7393和0.7606。

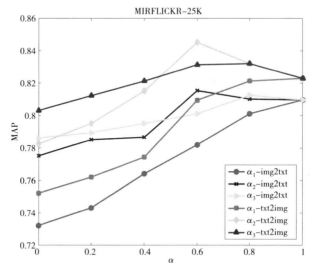

图14.7　DDCH在不同a_1,a_2和a_3时的MAP值

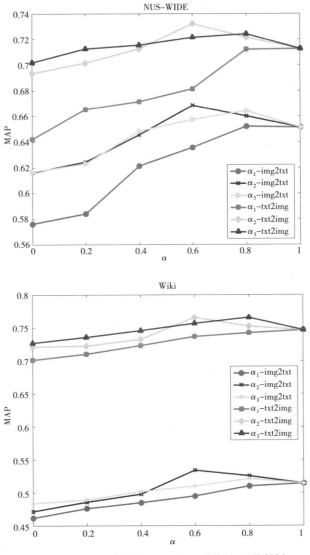

图14.7　DDCH在不同a_1,a_2和a_3时的MAP值(续)

14.5　本章小结

在本章中,我们提出了一种新颖的跨模态哈希方法,称为深度有判别力的卷积哈希(DDCH)。该方法将跨模态特征和哈希码的学习嵌入了统一的框架中。此外,DDCH将图像和文本数据嵌入对象特征空间中,因此生成的哈希码可以减少语义上的差距,并突出实例的内容。实验表明,我们的DDCH性能优于一些当今较为先进的跨模态检索方法。

第十五章 基于对象特征的深度哈希图文跨模态检索

随着不同模态的数据在互联网中的飞速增长,跨模态检索逐渐成了当今的一个热点研究问题。哈希检索因其快速、有效的特点,成了大规模数据跨模态检索的主要方法之一。在众多图像-文本的深度跨模态检索算法中,设计的准则多为尽量使得图像的深度特征与对应文本的深度特征相似。但是此类方法将图像中的背景信息融入特征学习中,降低了检索性能。为了解决此问题,我们提出了一种基于对象特征的深度哈希(object feature based deep hashing, OFBDH)跨模态检索方法,此方法从特征映射中学习到优化的、有判别力的极大激活特征作为对象特征,并将其融入图像与文本的跨模态网络学习中。实验结果表明,OFBDH能够在 MIRFLICKR-25K、IAPR TC-12 和 NUS-WIDE 三个数据集上获得良好的跨模态检索结果。

15.1 背景知识介绍

近年来,互联网中图像、文本等多种模态的数据量急剧增长,多模态数据之间的交互也应运而生。跨模态检索已经成为人工智能领域的一个热门课题,其目的是为了确定来自不同模态的数据是否指向相同内容。在跨模态检索过程中,一种模态的数据会映射到另一种模态去检索,但是,由于不同模态的数据分布在不同的特征空间上,因此多模态检索成了一项非常有挑战性的任务。

基于哈希的多模态数据表示因其快速、有效性受到了信息检索领域的广泛青睐。目前的多模态哈希主要分为多源哈希和跨模态哈希,其中多源哈希致力于综合数据的不同模态产生哈希码。与多源哈希不同,跨模态哈希在检索中提供的数据源通常只有一种(如文本),而需要检索其他模态中对应的数据(如图像)。在解决实际问题的过程中发现,大部分情况下无法提供样例的全部模态数据,因此跨模态检索就显得尤为重要。跨模态检索成败的关键在于能否将不同模态的数据映射到相同的特征空间,从而避免语义鸿沟的问题。

传统的方法尝试利用人工特征将不用模态的数据映射到相同的空间,如:集体矩阵分解哈希(collective matrix factorization hashing, CMFH)[233]、语义相关性最大化(semantic correlation maximization, SCM)[234]与跨视角哈希(cross view hashing, CVH)[235]。

近些年深度学习不断发展,并且被广泛应用于计算机视觉领域,如:图像分类、图像分割人脸识别与图像检索。越来越多的研究表明深度神经网络在特征表示方面有很好的性能,因此被广泛地应用于跨模态检索。

跨模态深度哈希检索方法将不同模态的数据通过深度网络映射为一系列的二进制码,并通过汉明距离衡量数据相似性。融合相似性哈希法(fusion simi-larity hashing, FSH)[242]采用了一种无向非对称图的方式将多模态的特征进行加工,用于生成鲁棒性较强的哈希码。相关自编码哈希法(correlation autoencoder Hashing, CAH)[243]通过最大化特征相关性和相似标签所传达的语义相关性,用于生成非线性深度自哈希码。三元组损失也被应用于跨模态网络的学习中,三元组深度哈希(triplet-based deep Hashing, TDH)[244]使用三元组标签来描述不同模态实例之间的关系,从而捕获跨模态实例之间更一般的语义关联性。哈希方法的本质在于生成二值化的哈希码,离散潜在影响模型(discrete latent factor mod-el, DLFH)[245]基于离散潜因子模型,学习跨模态哈希二进制哈希码,用于交叉模态相似度搜索。为了去掉不必要的信息,从而提高跨模态检索精度,注意力机制被应用于跨模态检索, 堆叠注意力网络(stacked attention networks, SANs)[288]采取了多个步骤,将注意力逐步集中在相关区域,从而为图文问答任务提供了更好的解答。Sharma S等人[289]提出了一种基于注意力的动作识别模型,该模型使用具有长短期记忆(long short-term memory, LSTM)单元的递归神经网络(recurrent neu-ral networks, RNNs)来获取时间和空间信息。Noh H等人[290]提出了一种注意力模型,该模型采用加权平均池化的方式生成基于注意力的图像特征表示。

深度跨模态哈希(deep cross modal hashing, DCMH)[232]提出了一种基于深度神经网络的端到端的学习框架,算法将特征学习与哈希码学习统一到相同的框架中用于跨模态检索。随后出现了DCMH算法的一系列变种,成对关系深度哈希(pairwise relationship guided deep hashing, PRDH)[291]在DCMH的基础上,通过降低二进制码之间的关联性,提高了跨模态检索性能。深度有监督跨模态检索方法(deep supervised cross-modal retrieval, DSCMR)[292]在DCMH的基础上,提出了一种有判别力的损失函数,使生成的网络能够更好地生成跨模态特征。但是这些方法提取出的图像特征为全局特征,无法突出图像中的对象内容即语义内容,这导致以上方法无法真正实现语义上的跨模态。

为了解决此类问题,我们提出了一种基于对象特征的深度哈希(object fea-ture based deep hashing, OFBDH)跨模态检索方法。与大多数跨模态检索方法不同,我们将深度图像特征、深度文本特征和深度对象特征进行融合,用于训练深度神经网络,从而生成更加优秀的跨模态哈希码。

15.2 跨模态检索问题描述

本算法只关注于图像和文本两种模态的跨模态检索。假设每个训练样本都具有图像和文本两种模态,分别用 $X = \{x_i\}_{i=1}^{n}$ 和 $Y = \{y_i\}_{i=1}^{n}$ 代表,其中 n 代表样本数量。S 为样本之间的相似性矩阵,如果第 i 个样本与第 j 个样本拥有至少一个相同的类标,则认为 $S_{ij} = 1$,否则 $S_{ij} = 0$。图像和文本的跨模态哈希检索模型的本质在于,学习图像哈希函数 $h^{(I)}(x)$ 和文本希函数 $h^{(T)}(y)$,从而使得 $h^{(I)}(x_i)$ 与 $h^{(T)}(y_i)$ 的表达尽量一致。

15.3 深度跨模态网络结构

本章提出的OFBDH学习框架如图15.1所示,它是一个端到端的学习框架,此框架由三部分组成:图像特征学习部分,用于学习深度图像特征;对象特征学习部分,用于提取卷积特征并加工输出深度对象特征;文本特征学习部分,用于学习深度文本特征。

在图像特征学习部分,对应的深度神经网络由8个层次组成,其中包括5个卷积层(conv1-conv5)和3个全连接层(fc6-fc8),网络的前7层与CNN-F完全相同,第8层用于输出学习到的深度图像特征。fc6和fc7每一层都含有4096个结点且均使用ReLu作为激活函数,fc8则使用恒等函数作为激活函数。

在图像特征学习部分,数据来源为图像模态Conv5层的卷积特征,经过两个全连接层fc1和fc2之后生成深度对象特征表示。其中fc1层包含 $256 \times K$ 个节点,K 代表标签的数量。fc2层包含512个节点,且均使用ReLu作为激活函数。

文本特征学习部分,我们使用词袋(BoW)模型来对文本进行表示,从而作为神经网络的输入,fc4与fc5为两个全连接层,用于输出深度文本特征。其中,fc4

层使用ReLu作为激活函数,fc5层使用的激活函数为恒等函数。

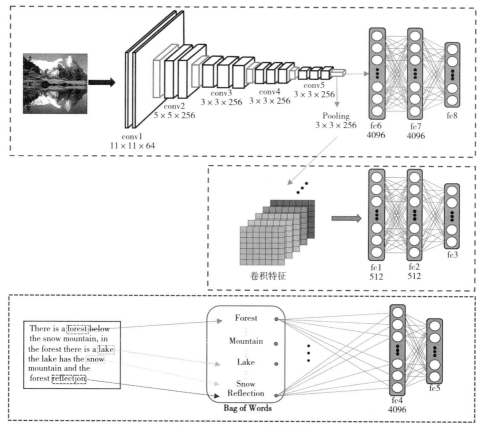

图15.1　OFBDH网络结构

15.4　深度神经网络学习

下面我们先介绍利用卷积层特征映射生成有判别力的MAC特征的过程,然后分析跨模态损失的构造,最后分析深度网络的学习过程。

15.4.1　有判别力MAC特征

我们以每一批次(batch)中的输入图像为研究对象,通过分析不同维度卷积特征之间的关系,生成有判别力的卷积特征表示。假设每一个批次包含的标签集合为$L = \{l_1, l_2, \cdots, l_j, \cdots, l_K\}$,其中$K$代表标签的数量。在每一批次中存在$m$幅图像,每幅图像都含有一个或多个标签。之前的研究普遍认为极大激活卷积,(maximum activations of convolutions, MAC)特征[158]能够更好地突出对象内容。MAC特征生成的基础为最后一个卷积层提取出的一系列特征映射,每一个特征映射中提取一个最大值,组成的向量即为图像的MAC特征。对于任意图像i,我们从图15.1中的Conv5层提取特征映射,并生成MAC特征P_i。由于特征映射之间存在依赖关系,因此MAC特征不同维度之间也存在相互依赖的关系。为了解决以上问题,我们首先提出了一种有判别力的MAC特征。

若图像i中存在任意标签l_j,则将此标签在图像i中的向量表示为定义为$q_{ij} = \dfrac{1}{n_i} P_i$,否则,$q_{ij}$中的所有元素均设置为0。其中$n_i$为图像$i$的标签数量。每一批次中任一标签的表示由本批次内各图像针对此标签的向量表示共同表示,进而得到每一批次中标签的向量表示$QL = \{ql_1, ql_2, \cdots, ql_j, \cdots, ql_K\}$。

$$ql_j = \frac{1}{m_j} \sum_{i=1}^{m} q_{ij} \qquad (15-1)$$

式中,m_j为本批次内存在标签l_j的图像数量。

方差较大维度的特征有较好的判别性,标签l_j在不同维度的方差表示为

$$V = \frac{1}{m_j} \sum_{i=1}^{m_j} \left(q_{ij} - ql_j \right)^2 \qquad (15-2)$$

式中,$V = \{v_1, v_2, \cdots, v_C\}$,$v_K$代表第$k$个维度的方差,$C$为特征的总维度。

在特征选择的过程中,针对所有标签,首先按照方差大小对不同维度进行排序,然后选择方差最大的前N个维度作为此标签最有判别力的特征维度,在标签表示的时候这些维度的特征保持原值,其他$C-N$个维度的特征则设置为0。为了获得不同标签的有判别力特征集合,本算法设计了如下目标函数用于求解N,目标函数为

$$\min \frac{1}{2KN(K-1)} \sum_{i=1}^{K-1} \sum_{j=i+1}^{K} sim\left(ql_i^N, ql_j^N \right) \qquad (15-3)$$

式中,ql_i^N表示标签l_i只保留前N个方差最大特征后的表示,其中,$1 < N < C$。$sim(gg)$表示两个向量的相似性,此处用直方图相交(histogram intersection kernel)的方法衡量。最小化公式(3)的目的在于最小化特征选择后的不同标签的相似性,同时还能够使得每个维度的平均相似性最小。由于N为离散值,此处我们采取枚举法,枚举1到C之间所有的整数,能够使得公式(15-3)最小的值即为最优的N。

对于任意图像i,其有判别力MAC特征用$QL_i = \{p_i^1, p_i^2, \cdots, p_i^K\}$表示,其维度为$256 \times K$。如果图像$i$包含标签$l_j$,则$p_i^j$为$p_i$保留了标签$l_j$的$N$个维度后生成的有判别力的特征,反之,如果图像$i$不包含标签$l_j$,则$p_i^j$中的每个元素均设为0。

最后,将有判别力的MAC特征则作图像特征学习部分的数据输入,因此与fc1层的维度相同。

15.4.2　跨模态损失构建

OFBDH用$f_1\left(x_i;\theta_x\right)\in i^c$表示图像模态的深度神经网络学习到的深度图像特征,用$f_2\left(z_i;\theta_z\right)\in i^c$表示对象模态的深度神经网络学习到的深度对象特征,用$f_3\left(y_i;\theta_y\right)\in i^c$表示文本模态的深度神经网络学习到的深度文本特征。其中,θ_x、θ_y和θ_z分别表示图像模态、文本模态和对象模态的深度神经网络的网络参数,c为生成的特征维度。

跨模态损失[232,293]可以作为不同模态数据的桥梁,用于训练跨模态深度神经网络,我们构造了如下跨模态损失函数:

$$\min_{B,\theta_x,\theta_y,\theta_z}\boldsymbol{\mathcal{J}}=\sum_{i,j=1}^{n}\left(S_{ij}\Theta_{ij}-log\left(1+e^{\Theta_{ij}}\right)\right)+$$
$$\gamma\left(\|B-F\|_F^2+\|B-G\|_F^2+\|B-P\|_F^2\right)+ \qquad (15-4)$$
$$\eta\left(\|F1\|_F^2+\|G1\|_F^2+\|P1\|_F^2\right)$$

式中,$F\in i^{c\times n}$和$G\in i^{c\times n}$分别代表生成的深度图像特征和深度文本特征,$B\in\{-1,+1\}^{c\times n}$代表三种模态数据生成的统一的哈希码,$n$为批的大小,$\Theta_{ij}=\frac{1}{2}F_{*i}^{\top}G_{*j}$,$\gamma$和$\eta$为超参数,论文中的值均为1,$F1$,$G1$,$P1$中的1为全1向量。

公式(15-4)主要由三项组成,其中第一项$-\sum_{i,j=1}^{n}\left(S_{ij}\Theta_{ij}-log\left(1+e^{\Theta_{ij}}\right)\right)$代表跨模态相似度的负对数似然,用于使生成的深度图像特征和深度文本特征保持跨模态的语义相似性。其似然函数为

$$p\left(S_{ij}\big|F_{*i}G_{*j}\right)=\begin{cases}\sigma\left(\Theta_{ij}\right),S_{ij}=1\\1-\sigma\left(\Theta_{ij}\right),S_{ij}=0\end{cases} \qquad (15-5)$$

式中,$\sigma\left(\Theta_{ij}\right)=\dfrac{1}{1+e^{\Theta_{ij}}}$。公式(15-4)的第二项$\gamma\left(\|B-F\|_F^2+\|B-G\|_F^2+\|B-P\|_F^2\right)$可以$\theta_z$使生成的深度图像、文本、对象特征能够得到统一的哈希表示。第三项$\eta\left(\|F1\|_F^2+\|G1\|_F^2+\|P1\|_F^2\right)$的作用是使得生成的每个比特的哈希码在-1和+1上均匀分布。由公式(15-4)可以看出,利用此目标函数通过随机梯度下降,可以学习得到θ_x,θ_y,θ_z以及R。也就是说,我们将图像、文本、对象的特征和哈希码学

习集中到了同一个深度学习框架中。

15.4.3 网络参数的学习

本节我们将介绍 OFBDH 如何对 $\theta_x, \theta_y, \theta_z$ 和 B 进行学习。在学习的过程中,采用迭代优化的方法依次将四个参数中的三个进行固定,从而学习剩余的一项,以下为参数的具体学习过程。

7.4.3.1 θ_x 的学习

在 θ_y, θ_z 和 B 固定的前提下,我们采用随机梯度下降与反向传播算法学习图像模态的参数 θ_x。对于每个随机样本 x_i,我们给出梯度计算公式为

$$\frac{\partial \boldsymbol{J}}{\partial F_{*i}} = \frac{1}{2} \sum_{j=1}^{n} \left(\sigma \left(\Theta_{ij} \right) G_{*i} - S_{ij} G_{*j} \right) + \\ 2\gamma \left(F_{*i} - B_{*i} \right) + 2\eta F\mathbf{1} \tag{15-6}$$

在公式(15-6)的基础上,通过链式法则计算 $\dfrac{\partial \boldsymbol{J}}{\partial \theta_x}$,从而达到不断更新图像模态深度神经网络参数 θ_x 的目的。

7.4.3.2 θ_y 的学习

与 θ_x 的学习方法类似,在 θ_x, θ_z 和 B 固定的前提下,可以利用随机梯度下降与反向传播算法学习文本模态参数 θ_y。对于每个随机样本 y_j,梯度计算公式为

$$\frac{\partial \boldsymbol{J}}{\partial G_{*i}} = \frac{1}{2} \sum_{j=1}^{n} \left(\sigma \left(\Theta_{ij} \right) F_{*i} - S_{ij} F_{*i} \right) + \\ 2\gamma \left(G_{*j} - B_{*j} \right) + 2\eta G\mathbf{1} \tag{15-7}$$

在公式(15-7)的基础上,通过链式法则计算 $\dfrac{\partial \boldsymbol{J}}{\partial \theta_y}$,从而达到不断更新文本模态神经网络参数 θ_y 的目的。

7.4.3.3 θ_z 的学习

与更新 θ_x 和 θ_y 所使用的方法一样,对于每个随机样本 z_i,梯度计算公式为

$$\frac{\partial \boldsymbol{J}}{\partial P_{*i}} = 2\gamma \left(P_{*i} - B_{*i} \right) + 2\eta P\mathbf{1} \tag{15-8}$$

在公式(15-8)的基础上,通过链式法则计算 $\dfrac{\partial \boldsymbol{J}}{\partial \theta_z}$,从而达到不断更新对象模态深度神经网络参数 θ_z 的目的。

7.4.3.4 B 的学习

在 θ_x, θ_y 和 θ_z 的前提下，可以将公式（15-4）中的问题重新描述为

$$\max_B tr\left(B^T\left(\gamma(F + G + P)\right)\right) = tr\left(B^T V\right) = \sum_{i,j} B_{i,j} V_{i,j} \tag{15-9}$$

式中，$V = \gamma(F + G + P)$。B 可以最终表示为

$$B = \text{sign}(V) = \text{sign}\left(\gamma(F + G + P)\right) \tag{15-10}$$

式中，$\text{sign}(g)$ 代表元素的 sign 函数，如果 $a \geq 0$，则 $\text{sign}(a) = 1$，否则 $\text{sign}(a) = -1$。

15.4.4　多模态数据的哈希码生成

在跨模态检索的过程中，对于图像和文本模态的数据，需要通过对应模态的网络生成哈希码。给定图像 x_i，生成的哈希码如公式（15-11）所示，对于任意文本 y_i，则用公式（15-12）的方式生成哈希码。

$$b^{(x)}\left(x_i\right) = \text{sign}\left(f_1\left(x_i; \theta_x\right)\right) \tag{15-11}$$

$$b^{(y)}\left(y_i\right) = \text{sign}\left(f_3\left(y_i; \theta_y\right)\right) \tag{15-12}$$

15.5　实验

为了验证 OFBDH 的效果，分别在 MIRFLICKR-25K、IAPR TC-12 和 NUS-WIDE 三个数据集上进行了实验。

15.5.1　数据集

MIRFLICKR-25K[294]数据集由 25 000 张图像组成，每一副图像都含有一个或多个文本标签，这些标签共分为 24 类，所有数据来源于 Flick 网站。与大部分跨模态检索算法相同，我们只选择至少包含 20 个文本标签的样本用于实验，这样就构成了 20 015 个图像-文本对。每一对样本的文本标签由 1386 维词袋向量表示。

IAPR TC-12[295]数据集含有 20 000 个图像-文本对，这些图像文本对使用 255 个标签进行注释，文本标签由 2912 维词袋向量表示。

NUS-WIDE[296]数据集包含来自 Flickr 网站的 269 648 张图像，每张图像都含有至少 1 个文本标签，这些文本标签与对应的图像构成图像-文本对，这些样本分为 81 类。我们选用样本数量最多的 10 类进行实验。文本标签则由 1000 维词袋向量表示。

15.5.2　实验设计

在 MIRFLICKR-25K 数据集和 IAPR TC-12 数据集中，我们随机选取 2000 个

样本作为测试对象,其余作为检索对象,从检索对象中随机选取 10 000 个样本用于训练。在 NUS–WIDE 数据集中,我们选取 2100 个样本作为测试对象,其余作为检索对象,并且从检索对象中选取 10 500 个样本用于训练。

为了与 DCMH 进行比较,我们采用了与 DCMH 相同的参数,即 $\gamma = \eta = 1$。在进行图像模态的网络训练时,我们使用 CNN–F[297] 作为图像模态的神经网络架构基础。而文本模态则将 BoW 向量作为网络输入。在实验过程中,我们将批大小设置为 64。实验性能评估方面,我们采用平均精度均值(mean average precision,MAP)和精度–召回曲线(precision–recall curve)这两种评估指标对算法的有效性进行评估。所有的实验均运行 10 次,并取平均值为最终结果。

15.5.3 检索性能比较

本章与六种优秀的跨模态哈希检索算法进行比较,这六种算法分别是 DC - MH[4],SDCH[298],AADAH[299],DLFH[245],SCM[234] 和 CCA[300]。其中,CCA,SCM 与 DLFH 算法采用人工特征如 SIFT 等作为图像特征,其他算法均采用深度神经网络作为特征提取的手段。

表 15.1 所列展示了不同算法在三个数据集上的 MAP 比对。表中 I→T 表示查询为图像模态数据,而检索数据集为文本模态数据。

表 15.1　不同算法在数据库中的 MAP 值比对

任务	算法	MIRFLICKR-25K			IAPR TC-12			NUS-WIDE		
		16bits	32bits	64bits	16bits	32bits	64bits	16bits	32bits	64bits
I→T	CCA	0.5719	0.5693	0.5672	0.3422	0.3361	0.3300	0.3604	0.3485	0.3390
	SCM	0.6851	0.6921	0.7003	0.3692	0.3666	0.3802	0.5409	0.5485	0.5553
	DLFH	0.7050	0.7180	0.7230	0.4803	0.5360	0.5962	0.6351	0.6580	0.6686
	DCMH	0.7410	0.7465	0.7485	0.4526	0.4732	0.4844	0.5903	0.6031	0.6093
	AADAH	0.7563	0.7719	0.7720	0.5293	0.5283	0.5439	0.6300	0.6258	0.6468
	SDCH	0.8169	0.8299	0.8416	0.5368	0.5719	0.5934	0.6666	0.6845	0.6976
	OFBDH	0.8305	0.8426	0.8573	0.5425	0.5633	0.5935	0.6865	0.7032	0.7154
T→I	CCA	0.5742	0.5713	0.5691	0.3493	0.3438	0.3378	0.3614	0.3494	0.3395
	SCM	0.6939	0.7012	0.7060	0.3453	0.3410	0.3470	0.5344	0.5412	0.5484
	DLFH	0.7811	0.8033	0.8176	0.5638	0.6043	0.6600	0.7693	0.8010	0.8182
	DCMH	0.7827	0.7900	0.7932	0.5185	0.5378	0.5468	0.6389	0.6510	0.6571
	AADAH	0.7922	0.8062	0.8074	0.5358	0.5565	0.5648	0.6708	0.6875	0.6939
	SDCH	0.8052	0.8137	0.8231	0.5508	0.5914	0.6155	0.6910	0.7012	0.7064
	OFBDH	0.8103	0.8142	0.8416	0.5645	0.6174	0.6315	0.7119	0.7206	0.7342

与之相反,T→I表示查询为文本模态数据,而检索数据集为图像模态数据。在表15.1中可以看出OFBDH比其余六种算法的检索性能更好。CCA和SCM将标签信息融入了文本、图像表示中,但采用的图像特征为人工特征,所以在众多算法中MAP值较低。DLFH的优势在于可以为多模态数据直接生成哈希码,减少了哈希过程中的特征损失,因此在NUS-WIDE数据集上取得了最好的MAP,但是,由于此算法采用底层特征对图像进行表示,因此在数据集MIRFLICKR-25K和IAPR TC-12中难于获得较好的效果。

OFBDH的研究基础为DCMH,由于OFBDH在DCMH基础上加入了对象特征的学习,使学习到的哈希码能够更加突出对象内容,所以OFBDH在三个数据集下比DCMH获得了更好的MAP值。与我们的工作类似,AADAH尝试通过卷积特征发现对象内容,但是AADAH将图像和文本特征分别区分为显著特征(对象特征)和非显著特征(背景特征),并没有生成图像和文本的全局表示。而OFBDH既考虑了全局特征又考虑了对象特征,所以MAP值仍然高于AADAH。SDCH将类标信息用于改进深度特征的质量,并采用多种损失函数用于更新网络,所以能够生成第二好的MAP,但由于此方法考虑的依然是全局信息,所以OFBDH的MAP值在三个数据库中比SDCH高出2%,2%和3%。

此外,我们可以发现,随着哈希码长度的增长,大部分算法的MAP值在增加。这个现象的原因有两点,第一,更长的哈希码使得图像、对象和文本特征能够更好地匹配。第二,更长的哈希码能够保存更多信息,这是因为更长的哈希码能够保存更多的细节信息,更利于图像的精准检索。表15.1中,通常情况下I→T的检索性结果低于T→I,这是因为相对于图像,文本能够包含更高级的语义信息,能够更好地刻画图像内容,因此,T→I可以取得更好的结果。

图15.2所示为哈希码为16bits前提下,不同算法在三个数据集上的P-R曲线。从图可以中发现OFBDH的检索结果仍然优于其他算法。

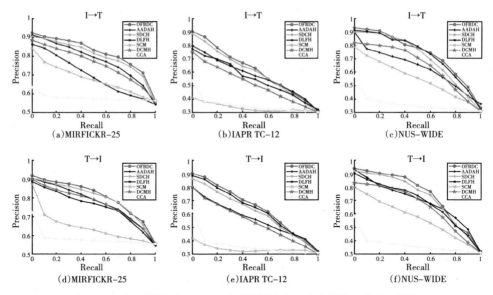

图 15.2　代码长度为 16 bits 时不同算法在三个数据集上的 PR 曲线

15.5.4　参数调整

γ 和 η 的取值对于检索结果有着重要影响,受 DCMH 启发,我们在 $0.01 \leqslant \gamma \leqslant 2$ 和 $0.01 \leqslant \eta \leqslant 2$ 的范围内调整结果,发现,当 γ 和 η 的取值均为 1 的时候能够得到最好的检索效果。由于卷积特征可以用于生成深度对象特征,我们在实验的过程中,尝试用深度对象特征取代深度图像特征,即不考虑深度图像特征与深度文本特征之间的关系,实验结果表明,此方法比 OFBDH 的 MAP 值小 4% 左右。所以,代表全局信息的图像特征和代表内容信息的对象特征对于跨模态检索性能都有重要的影响。

为了进一步验证卷积神经网络在跨模态检索中的作用,我们采用 AlexNet[301] 与 VGG19[302] 代替 CNN-F,我们称这两种算法分别为 OFBDH_ALE 和 OFB-DH_VGG,MAP 值比对如表 15.2 所示,通过此表可以发现,当采用不同的卷积神经网络的时候会产生不同的结果,并且 OFBDH_VGG 的 MAP 在三个数据库中比 OFBDH 分别高出约 2%。

表 15.2 采用不同卷积神经网络的 MAP 值比对

任务	算法	MIRFLICKR-25K			IAPR TC-12			NUS-WIDE		
		16bits	32bits	64bits	16bits	32bits	64bits	16bits	32bits	64bits
I→T	OFBDH_ALE	0.8134	0.8258	0.8427	0.5176	0.5368	0.5671	0.6347	0.6842	0.7019
	OFBDH	0.8305	0.8426	0.8573	0.5425	0.5633	0.5935	0.6865	0.7032	0.7154
	OFBDH_VGG	0.8433	0.8625	0.8751	0.5727	0.5893	0.6352	0.7033	0.7164	0.7328
T→I	OFBDH_ALE	0.7826	0.8040	0.8322	0.5358	0.5714	0.6118	0.7082	0.7163	0.7258
	OFBDH	0.8103	0.8142	0.8416	0.5645	0.6174	0.6315	0.7119	0.7206	0.7342
	OFBDH_VGG	0.8291	0.8342	0.8644	0.5817	0.6374	0.6584	0.7238	0.7347	0.7571

15.6 本章小结

本章提出了一种基于对象特征的深度哈希跨模态检索方法,该方法通过卷积特征生成图像表示,并且将深度图像表示、深度对象表示与深度文本表示有机地结合起来,用于跨模态网络的训练。在三个数据集上的实验结果表明,OFBDH 有着优于其他算法的检索性能。在未来的工作中,我们将研究如何将文本信息进行有效提取,从而与对象特征进行精准匹配。

第十六章 多媒体大数据分析在网络舆情中的应用

社交媒体是最能反映广大人民心声与意愿的平台,及时发现社交媒体中的舆论导向,并对舆论进行正确的引导,对于社会的稳定发展有着重要的现实意义,因此社交媒体的舆情分析逐渐成为新的研究热点之一。

社交媒体中的多媒体大数据形式多样且纷繁复杂,难以在统一的数据框架下进行分析。因此,当前的研究多集中于单模态分析,即研究对象为某种单一类型的数据(如:图像、文本或者视频)。这类方法只研究了相同模态数据之间的关系,而忽略了不同模态数据之间的内在关联性。现实中,不同模态的数据可以表达出相似的语义内容,例如社交平台发布的信息通常包含文本与图像内容,其中的文本用于描述发生的事件,而图像则可以真实和直观地反映事件发生的场景,两种数据模态不同,但描述了同一个主题的内容,即拥有相似的语义信息。实现不同模态数据之间的语义互通,对于建立跨模态数据分析系统,从而进行社交媒体舆情分析有着重要的意义。但是,由于不同模态数据的特征提取、内容表示与检索方法均不相同,构造的模型往往难以跨越模态间的语义鸿沟。

本章拟在对多媒体大数据的特征进行深入研究的基础上,结合传统机器学习方法与深度学习框架,提出跨模态数据分析方法,用于解决存在的语义鸿沟问题,从而提高社交媒体舆情分析的准确性。

16.1　背景知识介绍

网络舆情是指在互联网上流行的对社会问题不同看法的网络舆论,是社会舆论的一种表现形式,是通过互联网传播的公众对现实生活中某些热点、焦点问题所持的有较强影响力、倾向性的言论和观点。

随着互联网的快速发展,网络中存在的生活焦点与热点问题迅速产生,也由此带来了庞大的数据量。中国拥有世界上最多的网民,且互联网的访问已经成为人们的日常,因此,有效分析网络舆情,有助于政府更好地了解公众意见和诉求,为建设和谐的网络环境打下坚实的基础。网络舆情分析除了对社会安全稳定有着重要的意义,对一些传统的行业也起到了重要的作用。例如,对媒体而言,由于网络舆情分析工具的产生,增强了对公众舆论深入分析的能力,增加了新闻的深度与预测性;对于企业,可以掌握更多客户对产品的意见与反馈,并通过对个人浏览记录等进行深入分析,为客户提供更加优质的个性化产品与服务。因此,网络舆情分析越来越受到各个部门的青睐。

舆情分析一般通过特定的技术手段实现,如数据挖掘、机器学习以及图像、视频处理等。舆情分析通常意义上包含两种,即内容分析法与实证分析法。其中内容分析法的主要目的是分析信息的发展趋势,而实证分析法的研究重点在于通过对大数据的研究,发现一些规律与结论。

如今用于各行各业的网络舆情分析相关产品越来越多,但总的来说,一般情况下这些系统都包含了信息采集、信息处理和信息分析三个部分。其中,信息采集部分用于数据的搜集。即通过爬虫等模块对网络中存在的相关信息,通过关键词等进行爬取,为舆情分析提供数据支持。但是,这些数据当中存在着大量的不相关信息,因此,需要进行信息的提纯。信息处理部分则用于信息的进一步筛选,如去掉干扰信息与去掉无意义的词、视频等。信息分析部分是舆情分析的核心模块,这部分内容中主要包含了模型的构建与分析方法的设计,用于最终为舆情分析提供结果。

目前学者们对于网络舆情的研究多集中于网络舆情话题的出现、网络舆情热度的评价体系构建和演化趋势。韩玮等人在《基于焦耳定律的公共危机事件网络舆情热度模型研究》中利用物理学思维,通过焦耳定律构建网络舆情热度模型,用于发现热点话题。孙靖超等人在《基于多采样双向编码表示的网络舆情主题识别研究》构建了一种基于多采样双向编码表示的网络舆情主题识别模型,并将注意力机制融入模型的构建,用于突出主要内容。唐晓波等人将微博特殊文体的性质和短文本在聚类过程中的效率问题,将基于频繁词集的文本聚类和基于类簇的LDA主题挖掘方法相融合,用于微博检索信息。黄炜将人工智能中的本体论与语义计算的相关内容运用到网络群体性事件的主题事件发现中,有利于推进网络群体事件发现的进一步智能化。Chen X G 等人[303]利用粗糙集与模糊评价方法对网络舆情趋势进行分析,实验证明可以有效地提高分析准确率。Zhou Yaoming 等人[304]提出了一种基于EDM的用于网络舆情分析的进化分析与建模方法。Xu J 等人[305]在hadoop环境下,通过朴素贝叶斯方法将网络舆情信息进行分类,并利用并行计算的方式提高分类准确率。吴坚等人[306]为了对舆情信息进行分类,在文本选择和表示的前提下,通过利用机器学习中的随机森林方法对舆情信息进行分类。马海兵等人[307]针对舆情分类中的主题分类问题,提出了一套网络信息安全的分类体系。李真等人[308]通过对舆情信息内容、用户关系与用户行为的分析,从不同的维度进行探讨,并提出了相应的观点主题识别模型。连芷萱等人[309]利用数学建模的方式,预测微博首发信息热度。兰月新等人[310]对大数据环境下网络舆情热度的影响因素进行分析,采用多种方法,从多维度构建logistic模型用于舆情分析预测。史蕊等人[311]根据网络舆情演化中存在的随机性、复杂性等特点,提出了一种组合灰色模型,用于预测话题热度。张茂元等人[312]根据事件发生过程中存在的时间关联性,对时间序列进行聚类,并用最小二乘法预测网络事件的热度。

这些研究将研究内容聚焦于互联网上的文本信息,而在现实情况中,社交平台发布的信息通常包含文本与图像内容,其中的文本用于描述发生的事件,而图像则可以真实和直观地反映事件发生的场景,这些数据可以反映出相似的话题内容,为了提高舆情分析的准确性,我们提出了一种跨模态信息检索方法,用于分析话题。

16.2 系统设计框架

本文的跨模态舆情分析系统框架如图16.1所示,其中主要包括了五部分。

1. 学术史梳理

本系统的设计原理基于对前人学术成果的总结,因此,系统设计的第一步为研究前人的成果,并发现其中的问题与突破口。

2. 原始数据处理

社交平台中存在大量的文本、图像、音频与视频数据,系统首先通过Python对不同平台,如新浪微博的数据进行爬取,爬取的过程按照关键字展开并分为不同类别。此外,这些数据形式多样且不规范,如广告、网络术语、表情符号等,这些数据没有明确的语义信息或者与现有的语义表示向冲突,因此,这些数据的存在大大增加了跨模态分析的难度。

数据的收集功能由三部分组成,即数据收集器、语义分析器和智能辨别器。

(1) 数据收集器

数据收集器用于从外界收集信息,信息的收集并没有明确的目的性,只是通过互联网接口不断收集信息。然后将收集到的信息发送给语义分析器。

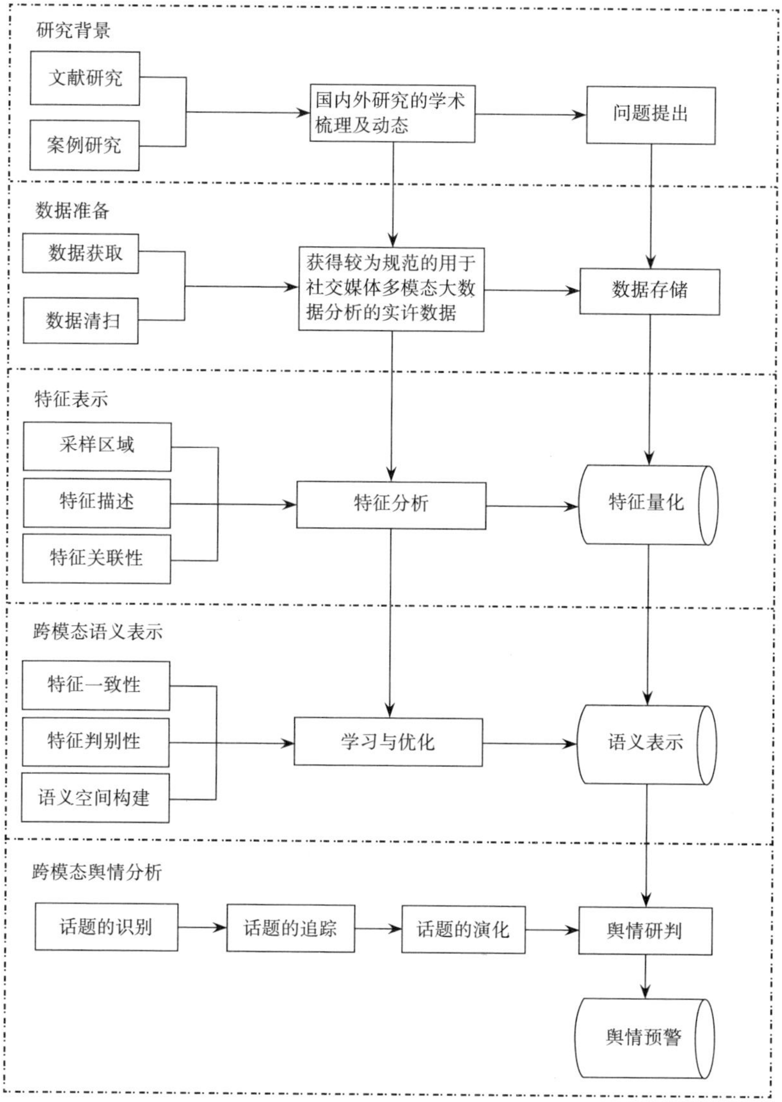

图16.1　总体框架

（2）语义分析器

语义分析器的作为将收集到的信息进行语义化处理。即将文本、图像、音频与视频数据转化为文本便签文件，注意，此处的语义化处置只是对多媒体数据的初步处理。对于文本文件，提取其中的关键词、热点词等作为标签文件。对于图像信息，主要依赖于其已经存在的文本标签，如果图像本身不存在标签，则对图像进行分类,将类别作为标签。与图像相似,视频的处理首先依赖于已经存在的标签,如果没有标签,则对视频内容进行随机提取并分类,从而获得类别标签。语音的标签生成主要依赖于将音频转化为文字,然后按照文本的方式提取标签。

(3)智能辨别器

处理的过程中会发现特殊符号与新出现的流行词等,特殊符号通常用于表示留言的时的感情,比如惊叹、生气等。直接去掉这些符号将会破坏语句的完整性,因此,本系统将特殊符号转化为一定的语义感情,并将此语义感情加入原有的文件中,用于保证数据的内容完整性。流行词的出现是网络发展的产物,同时也为数据过滤带来了前所未有的挑战,流行词通常会带来语义的转变,但是流行词也有可能表达的是本身的传统语义。本系统通过话题的发布者、话题的受众人群和话题的领域三个方面来判断流行词的真正意义。话题的发布者年龄越接近青年,话题的受众人群越接近青少年且话题的领域越接近于娱乐范畴,发布的流行词越有可能发生语义转变。为此,本系统通过回归建模的方式,学习流行词转化函数,如果函数值大于阈值,则语义发生了转化,否则语义即为字面内容。

我们通过构建通用的噪声数据库来解决此噪声数据的去除问题。在多媒体数据进行语义化之后,分析噪声的通用特征,将某些关键词作为噪声的衡量标准,从而构建通用噪声数据库,并利用精确与模糊比对的方式进行噪声数据清扫。

3. 特征表示

在特征表示阶段,需要对多媒体数据进行量化,此处尝试了传统的方法和目前流行的深度学习方法。

为了准确刻画数据特征,利用传统方式量化的算法中,主要需要对局部特征进行采样,如密采样等,同时考虑多特征融合表示。不同模态数据的特征不同,用于描述特征的特征描述单元也不同,如文本中的短语、图像和视频分析中的SIFT和HoG描述子以及音频分析中的基音周期。构造融合多特征的数据表示方式有利于生成准确的局部特征描述。为此,本文提出了一系列的局部特征融合方式。总体来说分为以下四种。

(1)早融合

所谓的早融合算法即为将局部特征的不同描述子进行融合,例如,在描述图像内容的时候,局部图像块有颜色特征与形状特征,为了准确地描述图像块,可以将图像块的形状特征描述子SIFT与颜色特征描述子CN进行融合。即把两种描述子连接起来作为图像块的特征描述。众所周知,图像描述子可以通过聚类等方法生成图像表示,早融合的特点即为在生成表示之前进行融合。对于文本来说,通常的局部描述子可以认为是字,而将每个字认为是一个单独的描述子。自然语言处理领域中还提出了一系列的描述子,如词和短语。把这些描述子进行连接可生成文本的早融合。

(2)晚融合

与早融合不同,晚融合倾向于首先用不同描述子生成表示,再将表示进行融合。对于图像而言,首先用SIFT和CN描述子结合词袋模型生成图像的形状表示和颜色表示,然后将两种表示进行连接,生成图像的全局表示。对于文本而言,首先生成基于词和短语的文本表示,然后将不同表示连接,生成全局的文本表示。

(3)基于重要性的融合

在特征融合的过程中需要考虑不同特征的重要性,即重要的特征赋予较大的权重,而相对重要性低的特征赋予较小权重。权重的赋值方法有很多种,如回归与稀疏编码等方法。

(4)空间融合

空间特征作为所有多媒体数据的一个基本特征,被广泛用于特征加权与特征融合,其作用主要在于对现有数据的模块划分。图像中,空间金字塔方法按照划分的粗细程度,把图像在物理上分为四块。并把不同粗细程度的图像表示加权连接起来作为全局表示。对于文本,可以按照邻域原则,将字或词与其邻域一起划分为一个整体,对于视频而言,可以将相邻帧作为邻域,合并目标帧与邻域帧图像,从而增加空间性。

传统方法中一个重要的特征表示研究内容为特征关联性分析。不同特征之间存在某种关联性且单独某种数据内部的特征之间也存在关联性,采用一些传统的数据挖掘方法可以有效地提高数据表示的准确性。

当前最流行的特征提取方法即为基于深度学习的特征提取方法。

随着近些年卷积神经网络(CNN)技术的不断发展,其在特征提取方面的优越性也越来越突显,因此我们提出使用卷积神经网络来提取图像、文本等的数据特征。卷积神经网络主要通过对输入数据进行一系列的卷积、池化操作再经过若干全连接层,最后生成数据的特征向量。卷积层的主要目的是提取数据特征。卷积层内包含多个卷积核,卷积核的大小决定了感受野的大小。卷积核会在感受野范围内对输入的特征规律的进行计算来提取特征。池化层的作用是为了在保留特征的同时对特征进行降维,一定程度上减小了计算量,减少过拟合的发生。需要注意的是,每个神经元都需要给定一个激活函数,激活函数的选择对卷积神经网络的性能有着重要的影响。目前常用的激活函数有ReLu、Sigmoid和Sign等。

VGG-19网络结构如图16.2所示。对于此网络,我们可以通过增加卷积层、调整节点数量以及改变激活函数的方式来增强网络的学习能力。实验证明在预训练的CNN模型的基础上,通过训练集进行训练,从而提取特征可以更好地实现不同模态之间的检索。因此,在本系统中,我们通过预先训练好的CNN模型来进行训练,进而用于特征提取。

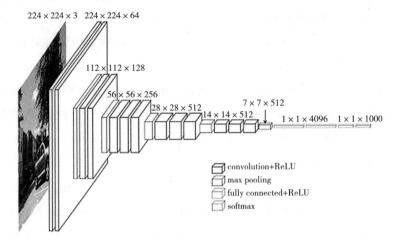

图16.2　VGG-19的网络结构图

在2014年,蒙特利尔大学本吉奥(2019年图灵奖获得者)的学生伊恩·古德费罗提出了生成式对抗网络GAN(generative adversarial networks)[313]。生成式对抗神经网络(GAN)由生成网络和判别网络组合而成:生成网络用于生成模拟数据、判别网络用于判断生成的数据是真实的还是模拟的。其中的对抗则指生成网络和判别网络之间进行相互对抗,生成网络尽可能生成逼真样本,而判别网络则尽可能判别生成网络所生成的样本是真实样本,还是假样本。其模型如图16.3所示。

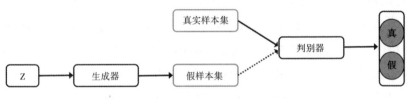

图16.3　生成式对抗网络(GAN)模型

其中隐变量Z(通常为服从高斯分布的随机噪声)通过生成器生成假样本集,判别器负责判别输入的数据是生成的假样本还是真实样本。

4.跨模态语义表示

跨模态语义表示致力于将不同模态的数据转化为语义表示,从而为后期的跨模态舆情分析打下基础。由于不同模态数据的异质性特点,需要将不同模态的数据映射到相同的语义空间中,并使得不同模态的数据对相同内容的语义表示相同。当前的跨模态语义表示主要有两种方式,即基于人造特征的表示方法和基于学习的表示方法。

(1)基于人造特征的表示方法

众所周知,目前存在大量的特征描述子如SIFT、HoG等,这些描述子可以生成不同种类数据的表示。但是,由于描述子和表示的方法缺少学习的过程,且特征的设计过程只是针对本类别数据而言,因此无法跨越语义鸿沟。但是,可以利用简单的映射的方式,实现初步的跨模态语义表示。具体来说,为不同种类的数据表示设计一个专属的映射函数,此函数的目的是将本模态的数据表示映射到一个构建的公共语义空间中。当所有模态数据均通过自身函数得到映射之后,则实现了初步的语义同步。

此方法面临的问题:

首先,公共语义空间的构造与设计。此类方法中,语义空间的构造通常不是通过学习得到的,而是事先设计好的。空间设计的准则与维度较难把握。

其次,映射函数的构造。此类方法普遍采用数学的方式,为每种模态的数据构建专属的映射函数,但是这些函数只是数学意义上的特征空间变换,不能解决特征描述子之间独立性的问题。

(2)基于学习的表示方法

基于学习的方法可以主要分为两类,即映射函数的学习与特征和映射协同学习的方法。映射函数的学习将研究重点放在了不同模态数据的映射函数学习上,此类方法将机器学习的方法应用于函数参数的调整与优化,利用训练集得到的参数性能通常情况下要优于纯数学方法。特征和映射协同学习的方法将特征提取与映射函数学习集合为一个整体,并通过机器学习的方式获得较好的映射效果。此类方法将特征学习与映射函数的学习进行统一的考虑,有效避免了特征提取的独立性问题,因此普遍能取得更好的效果。

5.跨模态舆情分析

在对多媒体数据进行了有效表示之后,需要将其融入舆情分析框架中。舆情分析的首要任务是话题的识别。互联网中存在大量的新闻,社交媒体中存在着海量的信息,如何识别话题的存在是舆情分析成功的第一步。一个新话题的产生受到多方面因素的影响,如话题发布者的权威性、回复的数量、点赞的数量、转发的数量等。具体来说,话题发布者的权威性越高、粉丝量越大,潜在的读者就越多,越有可能使得发布的内容成为话题。回复数量可以体现话题的热议性,回复当中包含了对作者观点同意与否定两种观点,正反观点的热议必然会促进话题的形成。与此类似,点赞和转发会形成更大的社会影响力,进一步推动话题的产生。

本文提出了用以下两类方法进行话题的判断。

(1)分类法

话题的产生判断结果有两种,即是否产生了新的话题。可以将此问题转化为一个二类分类问题。首先需要对发表的内容进行量化,然后采用决策树、贝叶斯等进行分类。需要注意的是,此处没有采用深度学习的分类方法,原因在于,话题的判断较为简单且后期的处理可以去掉不必要的话题,而深度学习训练复杂度较大,会使系统负载提高。

(2)函数法

构造一个函数,使得阈值在一定范围内。将发表的内容作为函数的输入,将函数值作为判断话题的依据。例如:函数值大于某个中间值的时候,被认为是新的话题,否则,被认为不是话题。

话题的追踪对于分析话题演化有着重要的意义。话题会随着时间发生变化,其中一些话题会慢慢消失,另外一些话题会继续存在,甚至在某个时间爆发。保持对话题的持续关注,对衡量指标进行持续的统计。对于新出现的报道,判断与此话题是否属于同一话题,成了话题追踪的核心。其处理方法主要有如下几种。

①分类法。可以将现有报道判断归属的话题认为是一个分类题。如果把每个话题当作一个类别,那么,话题的追踪问题演变为一个多类分类问题。将报道内容量化后,即可采用机器学习方法进行分类。如果判断的目的为分析当前的报道是否属于此话题,问题则转化为一个二分类问题。

②函数法。将离散的分类方法变化为结果为数值型或者连续型的函数,可

以使得话题的追踪结果更为精确。将报道量化后,通过设计好的函数得到其输出结果,如果在某范围,则认为是属于某话题,否则认为不属于某话题。

③距离法。此方法的基础为无监督的聚类算法。将属于同一个话题的报道进行聚类,并将聚类中心作为本话题的代表,然后,计算新出现的报道与所有话题中心点的距离,并将此报道归于此话题。

话题的传播过程中,会发生变化,一些影响较大的话题可能在后期演变为较为重大的事件,所以对于话题演化的判断显得尤为重要。话题的演化即判断新产生的话题与原有话题的一致性,普遍采用的方法为聚类法和分类法等。话题演化后的内容既包含原有内容,又增加了新内容,新内容可以体现出话题的发展在内容上的趋势。系统中,首先将此部分内容剥离开,然后分析新内容的危险程度。此外,演化后的话题的点赞、转发和评论数量可以体现出新内容的影响力。为此,系统将点赞、转发和评论数量作为新内容的权重,并衡量话题的爆发性,即短时间内增长的数量,通过统计与梯度求导获得爆发值,并同样用于衡量话题的危险性。

根据之前话题识别、追踪与演化结果,对舆情进行研判,从而给出舆情研判结果。对比基于文本的网络舆情分析方法,本文提出的方法在每个阶段都融入了更多的媒体信息,此种以多模态时时数据为基础的舆情分析方法,可以获得更好的性能。

16.3　核心技术分析

16.3.1　基于CNN的跨模态检索方法

基于CNN的跨模态检索本质是将卷积神经网络当作图像特征提取的工具,并设计出其他的网络结构(CNN或者全连接)方式用于提取其他模态数据的特征,并通过损失函数的构建,使得提出的特征表示存在于共同的数据空间中。如图16.4所示,为了实现图像与文本的跨模态检索,通过CNN将两种数据映射到相同的语义空间。

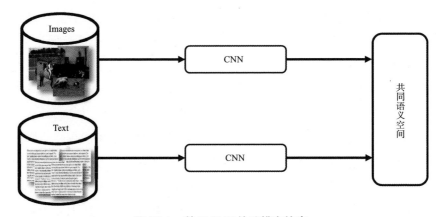

图16.4　基于CNN的跨模态检索

为了提高跨模态语义空间构造的合理性,通常从以下两个方面入手解决。

1.网络结构的改变

基于CNN的网络结构初步改变主要从如下方面进行:网络层数、激活函数和卷积核的大小。通常情况下,网络层数越多,提取的特征越准确。需要注意的是,实验证明到达一定深度后,随着网络层数的加深,精度不会提高。卷积核大小的调整目前只能依靠经验。此外,将时序信息加入CNN,在一定程度上更加契合舆情信息分析,LSTM的使用可以提高舆情分析准确性。

2.损失函数的构造

损失函数的设计直接影响网络学习的结果。在跨模态系统中,为了保证多模态数据的一致性,通常采用的损失函数有成对损失、三元组损失和基于注意力的损失。其中,成对损失是跨模态系统中最常用的损失,代表性的算法有:深度跨模式哈希(DCMH)和配对关系引导的深度哈希(PRDH)。DCMH根据似然函数,构造了经典的成对损失,此外,此损失还考虑到了不同比特之间的关系,通过范数用于平衡不同比特。PRDH在DCMH的基础上增加了模态内部数据之间的相似性关系,提升了模型的准确性。三元组损失通常定义是通过三个样例之间的相似性关系构造损失,从而训练网络。跨模态的三元组损失其中通常包含两个相同模态数据的样例和一个另外模态的数据样例,然后通过相似性排序关系构造损失。基于注意力的损失通常可以取得更好的跨模态检索效果,究其原因主要在于其本身的去背景特性。对于图像和视频而言,不包含注意力信息的损失训练的网络生成的数据特征包含前景和背景两种信息,对于文本和音频而言,生成的数据特征包含有用信息和无用信息。需要注意的是背景信息和无用信息对于训练网络没有意义。包含注意力信息的损失训练的网络生成的数据可以有效地避免无用信息,因此可以获得更好的效果。

16.3.2　基于GAN的跨模态检索方法

跨模态检索的核心问题就是通过学习获得一个比较合适的多模态数据表示空间,使得不同模态的数据能在这个表示空间中直接进行比较。对抗学习用于跨模态检索问题中时是通过两个不同过程之间的相互作用实现的,如图16.5所示。一个特征映射器和一个模态分类器。具体来说,特征映射器尝试为公共子空间中的不同模态的项目生成模态不变表示,其目的是混淆充当对手的模态分器;而模态分类器主要基于特征映射过程中产生的特征表示信息尝试对不同模态进行区分,并通过这种方式去控制特征映射器的学习。通过将模态分类器放在对手的角色当中,直到模态分类器无法分辨时达到最佳,进而达到更好的跨模态检索效果。

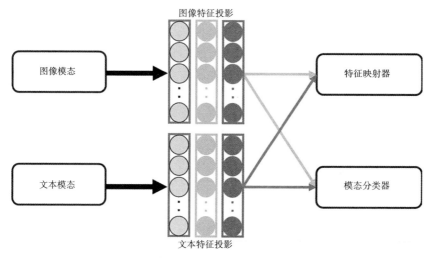

图16.5　对抗性跨模态检索

整个网络结构是围绕对抗思想构建的,涉及两个过程:一个特征映射器,生成形态不变和区分性的表示,旨在混淆模态分类器;一个模态分类器,尝试对不同模态进行区分。图像和文本通过卷积提取特征作为真,通过生成的数据作为真实文本特征对应的假数据。然后将图像和文本的真数据及生成的图像和文本的假数据作为对抗网络的正假数据来训练网络,消除图像和文本的差距。

16.4 多媒体大数据舆情分析的发展方向

16.4.1 个性化舆情分析设计

随着社会分工的不断细化,不同社会管理部门以及企业对于网络中的舆情信息都出现了个性化的需求。社会管理部门倾向于了解与本部门相关的舆情信息,从而发现工作中的问题以及存在的隐患。各企业为了准确把握市场行情,需要深层次地了解用户的需求、体验以及风评。为了解决个性化问题,可以采用如下两种方法。

1.信息过滤法

此种方法不追求系统结构的改变与算法设计的创新,而是单纯地在信息采集部分,通过加入关键词过滤或者关键特征筛选等方法,将不相关信息剔除掉。并采用成型的舆情分析系统进行分析。此种方法设计上较为简单,但是,由于去掉了不相关信息,可能会导致舆情分析的背景知识消失,从而降低舆情分析准确性。

2.个性化系统

个性化的系统设计即根据某个部门的需求,针对此部门的特点,专门开发的舆情分析系统,这种系统从数据采集到算法设计完全依照数据特点进行,因此对于舆情分析有更强的针对性。但是设计与实现的成本会大大提高。

16.4.2 舆情分析中的信息共享

不同舆情分析系统有其优势的一面同时也存在一些缺点,这导致了不同系统的舆情分析结果不同,不同系统之间的信息共享可以作为彼此的重要补充,从而提高整体的舆情分析准确性。可以将集成学习的思想运用到信息共享中,或者单独设计一套系统,用于分析合并不同的舆情结果。

16.4.3 多媒体数据的信息转换

不同系统如果需要分析多媒体数据,其中必不可少的一个环节即为跨模态语义转换,不同的系统有着各自的优势,但同时也都在重复消耗着同样的计算资源,从而造成资源的浪费。可以在行业内部或者一定区域内构建统一的信息转换中心,这些中心在多媒体数据语义转换上有着行业领先的技术与资源,各个部门只需要将多媒体数据发送给中心,中心就能给出准确、权威的信息转换结果,从而为舆情分析提供保证。

16.4.4 舆情分析在特殊行业的应用

特殊行业的舆情分析需求在日益增加,设计出适合特殊行业的舆情分析系统也迫在眉睫。例如监狱的舆情分析系统。此系统除了在网络上能够发现监狱相关的舆情,还需要能够分析监狱内部的各种潜在风险。此系统中,视频、语音以及文字等多方面的跨模态分析就显得尤为重要。

16.4.5　舆情分析的算法简化

网络舆情系统涉及很多人工智能、计算机软硬件和计算机网络相关的技术,由于数据量的庞大与需求的多种多样,导致舆情分析算法的复杂度较高。通过数学优化以及算法创新简化系统复杂度,有利于提高分析的时效性并减少开发成本。

16.5　本章小结

本章分析了多媒体大数据在舆情分析中的作用,从数据准备、特征表示、跨模态意义表示和舆情分析等角度分析了跨模态舆情分析系统的设计准则,并根据当前存在的舆情分析系统的问题,提出了多媒体大数据舆情分析的发展方向,从而为社会的稳定和企业的顺利发展打下良好的技术基础。

参考文献

[1] Bosch A, Zisserman A, Munoz X. Scene classification via pLSA. Proceedings of 2006 Euro– pean Conference on Computer Vision. Springer, 2006: 517 – 530.

[2] Lazebnik S, Schmid C, Ponce J. A sparse texture representation using local affine regions. IEEE Transactions on Pattern Analysis and Machine Intelligence, 2005, 27(8):1265 – 1278.

[3] Sun Q, Liu H, Ma L, et al. A novel hierarchical Bag–of–Words model for compact action representation. Neurocomputing, 2016, 174:722 – 732.

[4] Benezeth Y, Bertaux A, Manceau A. Bag–of–word based brand recognition using Markov Clustering Algorithm for codebook generation. Proceedings of Image Processing (ICIP), 2015 IEEE International Conference on. IEEE, 2015. 3315 – 3318.

[5] Nowak E, Jurie F, Triggs B. Sampling strategies for bag–of–features image classification. Proceedings of 2006 European Conference on Computer Vision. Spring - er, 2006. 490 – 503.

[6] Lowe D G. Distinctive Image Features from Scale–Invariant Keypoints. Inter - national Journal of Computer Vision, 2004, 60(2):91 – 110.

[7] Lowe D G. Object recognition from local scale–invariant features. Proceedings of 1999 IEEE international Conference on Computer Vision, volume 2. IEEE, 1999. 1150 – 1157.

[8] Van De Weijer J, Schmid C. Coloring local feature extraction. Proceedings of 2006 European Conference on Computer Vision. Springer, 2006: 334 – 348.

[9] Mikolajczyk K, Schmid C. A Performance Evaluation of Local Descriptors. IEEE Transactions on Pattern Analysis and Machine Intelligence, 2005, 27(10):1615 – 1630.

[10] Fernando B, Fromont E, Tuytelaars T. Mining mid−level features for image classification.International Journal of Computer Vision, 2014, 108(3):186 – 203.

[11] Se S, Lowe D, Little J. Vision−based mobile robot localization and mapping using scale−invariant features. Proceedings of 2001 IEEE International Conference on Robotics and Automation, volume 2. IEEE, 2001. 2051 – 2058.

[12] Se S, Ng H K, Jasiobedzki P, et al. Vision based modeling and localization for planetary exploration rovers. Proceedings of International Astronautical Congress, 2004. 434 – 440.

[13] Ke Y, Sukthankar R. PCA−SIFT: A more distinctive representation for local image descriptors. Proceedings of 2004 IEEE Computer Society Conference on Com - puter Vision and Pattern Recognition, volume 2. IEEE, 2004. 506 – 513.

[14] Shafer S A. Using color to separate reflection components. Color Research & Application,1985, 10(4):210 – 218.

[15] Gevers T, Smeulders A W. Color−based object recognition. Pattern recogni - tion, 1999, 32(3):453 – 464.

[16] Gevers T, Stokman H. Robust histogram construction from color invariants for object recognition. IEEE Transactions on Pattern Analysis and Machine Intelligence, 2004, 26(1):113 – 118.

[17] Van De Weijer J, Schmid C, Verbeek J, et al. Learning color names for real− world applications. IEEE Transactions on Image Processing, 2009, 18(7):1512 – 1523.

[18] Van De Sande K E, Gevers T, Snoek C G. Evaluating color descriptors for object and scene recognition. IEEE Transactions on Pattern Analysis and Machine In - telligence, 2010,32(9):1582 – 1596.

[19] MacQueen J. Some methods for classification and analysis of multivariate observations. Proceedings of 1967 Berkeley Symposium on Mathematical Statistics and Probability, volume 1. Oakland, 1967. 281 – 297.

[20] Krapac J, Verbeek J, Jurie F. Modeling spatial layout with fisher vectors for image categorization. Proceedings of 2011 IEEE International Conference on Computer Vision. IEEE, 2011.1487 – 1494.

[21] Bosch A, Zisserman A, Muoz X. Scene classification using a hybrid genera - tive/discriminative approach. IEEE Transactions on Pattern Analysis and Machine In -

telligence, 2008, 30(4):712-727.

[22] Li F F, Perona P. A bayesian hierarchical model for learning natural scene categories. Proceedings of 2005 IEEE Computer Society Conference on Computer Vision and Pattern Recognition, volume 2. IEEE, 2005. 524 - 531.

[23] Li T, Mei T, Kweon I S, et al. Contextual bag-of-words for visual categorization. IEEE Transactions on Circuits and Systems for Video Technology, 2011, 21(4): 381 - 392.

[24] Feng J, Ni B, Xu D, et al. Histogram contextualization. IEEE Transactions on Image Processing, 2012, 21(2):778 - 788.

[25] Lazebnik S, Schmid C, Ponce J. Beyond bags of features: Spatial pyramid matching for recognizing natural scene categories. Proceedings of 2006 IEEE Computer Society Conference on Computer Vision and Pattern Recognition, volume 2. IEEE, 2006. 2169 - 2178.

[26] Jurie F, Triggs B. Creating efficient codebooks for visual recognition. Proceedings of 2005 IEEE International Conference on Computer Vision, volume 1. IEEE, 2005. 604 - 610.

[27] Ji R, Yao H, Liu W, et al. Task-dependent visual-codebook compression. IEEE Transactions on Image Processing, 2012, 21(4):2282 - 2293.

[28] Wu L, Hoi S C, Yu N. Semantics-preserving bag-of-words models and applications. IEEE Transactions on Image Processing, 2010, 19(7):1908 - 1920.

[29] Taralova E, Torre F, Hebert M. Source constrained clustering. Proceedings of 2011 IEEE International Conference on Computer Vision. IEEE, 2011. 1927 - 1934.

[30] Yuan X T, Liu X, Yan S. Visual classification with multitask joint sparse representation. IEEE Transactions on Image Processing, 2012, 21(10):4349 - 4360.

[31] Boureau Y L, Bach F, LeCun Y, et al. Learning Mid-Level Features for Recognition. Proceedings of 2010 IEEE Conference on Computer Vision and Pattern Recognition, 2010. 2559 - 2566.

[32] Gao S, Tsang I W H, Chia L T, et al. Local features are not lonely - Laplacian sparse coding for image classification. Proceedings of 2010 IEEE Conference on Computer Vision and Pattern Recognition. IEEE, 2010. 3555 - 3561.

[33] Shabou A, LeBorgne H. Locality-constrained and spatially regularized cod-

ing for scene categorization. Proceedings of 2012 IEEE Conference on Computer Vi-
sion and Pattern Recognition. IEEE, 2012. 3618 – 3625.

[34] Yang J, Yu K, Gong Y, et al. Linear spatial pyramid matching using sparse
coding for image classification. Proceedings of 2009 IEEE Conference on Computer
Vision and Pattern Recognition. IEEE, 2009. 1794 – 1801.

[35] 赵仲秋,季海峰,高隽, 等. 基于稀疏编码多尺度空间潜在语义分析的图
像分类.计算机学报, 2014, 37(6):1251 – 1260.

[36] Yan S, Xu X, Xu D, et al. Beyond spatial pyramids: a new feature extraction
framework with dense spatial sampling for image classification. Proceedings of 2012
European conference on Computer Vision. Springer, 2012. 473 – 487.

[37] Zhu J, Zou W, Yang X, et al. Image Classification by Hierarchical Spatial
Pooling with Partial Least Squares Analysis. Proceedings of the British Machine Vision
Conference. BMVA Press, 2012. 1 – 11.

[38] Wang Q, Deng X, Li P, et al. Ask the dictionary: Soft−assignment location−
orientation pooling for image classification. Proceedings of Image Processing（ICIP）,
2015 IEEE International Conference on. IEEE, 2015. 4570 – 4574.

[39] Huang Y, Huang K, Yu Y, et al. Salient coding for image classification. Pro-
ceedings of 2011 IEEE Conference on Computer Vision and Pattern Recognition, 2011.
1753 – 1760.

[40] Boiman O, Shechtman E, Irani M. In defense of nearest−neighbor based im-
age classification. Proceedings of 2008 IEEE Conference on Computer Vision and
Pattern Recognition. IEEE, 2008. 1 – 8

[41] Nilsback M E, Zisserman A. A visual vocabulary for flower classification.
Proceedings of 2006 IEEE Computer Society Conference on Computer Vision and
Pattern Recognition, volume 2. IEEE, 2006. 1447 – 1454.

[42] Zhao Y, Zhang Z, Wang Y. Codebook reconstruction with holistic information
fusion. IET Computer Vision, 2012, 6(6):626 – 634. 69

[43] Gehler P, Nowozin S. On feature combination for multiclass object classifi-
cation. Proceedings of 2009 IEEE International Conference on Computer Vision. IEEE,
2009. 221 – 228.

[44] Nilsback M E, Zisserman A. Automated flower classification over a large

number of classes. Proceedings of , 2008 Indian Conference on Computer Vision, Graphics and Image Processing. IEEE, 2008. 722 – 729.

[45] Lanckriet G R, Cristianini N, Bartlett P, et al. Learning the kernel matrix with semidefinite programming. The Journal of Machine Learning Research, 2004, 5:27 – 72.

[46] Law M, Thome N, Cord M. Hybrid pooling fusion in the bow pipeline. Pro - ceedings of 2012 European Conference on Computer Vision. Springer, 2012. 355 – 364.

[47] Liu Z, Liu C. Fusion of color, local spatial and global frequency information for face recognition. Pattern Recognition, 2010, 43(8):2882 – 2890.

[48] Khan F S, Anwer R M, Weijer J, et al. Color attributes for object detection. Proceedings of 2012 IEEE Conference on Computer Vision and Pattern Recognition. IEEE, 2012. 3306 – 3313.

[49] Khan F S, Weijer J, Vanrell M. Top–down color attention for object recogni - tion. Proceedings of 2009 IEEE International Conference on Computer Vision. IEEE, 2009. 979 – 986.

[50] Khan F S, Weijer J, Vanrel l M. Modulating shape features by color attention for object recognition. International Journal of Computer Vision, 2012, 98(1):49 – 64.

[51] Khan F S, Weijer J, Bagdanov A D, et al. Portmanteau vocabularies for multi– cue image representation. Proceedings of Advances in Neural Information Processing Systems, 2011.1323 – 1331.

[52] Fernando B, Fromont E, Muselet D, et al. Discriminative feature fusion for image classification. Proceedings of 2012 IEEE Conference on Computer Vision and Pattern Recognition. IEEE, 2012. 3434 – 3441.

[53] Schmid C. Selection of scale–invariant parts for object class recognition. Proceedings of 2003 IEEE International Conference on Computer Vision. IEEE, 2003. 634 – 639.

[54] Ma A J, Yuen P C. Linear dependency modeling for feature fusion. Pro - ceedings of 2011 IEEE International Conference on Computer Vision. IEEE, 2011. 2041 – 2048.

[55] Yang J, Jiang Y G, Hauptmann A G, et al. Evaluating Bag–of–visual–words Rep - resentations in Scene Classification. Proceedings of the International Workshop on Work - shop on Multimedia Information Retrieval, New York, NY, USA: ACM, 2007. 197 – 206.

[56] Dhillon I S, Mallela S, Kumar R. A divisive information theoretic feature clustering algorithm for text classification. The Journal of Machine Learning Research, 2003, 3:1265 - 1287.

[57] Elfiky N M, Khan F S, Van De Weijer J, et al. Discriminative compact pyra - mids for object and scene recognition. Pattern Recognition, 2012, 45(4):1627 - 1636.

[58] Chiang C K, Duan C H, Lai S H, et al. Learning component-level sparse representation using histogram information for image classification. Proceedings of 2011 IEEE International Conference on Computer Vision. IEEE, 2011. 1519 - 1526.

[59] Wolfe J M, Horowitz T S. What attributes guide the deployment of visual at - tention and how do they do it? Nature Reviews Neuroscience, 2004, 5(6):495 - 501.

[60] Jost T, Ouerhani N, Von Wartburg R, et al. Assessing the contribution of color in visual attention. Computer Vision and Image Understanding, 2005, 100(1): 107 - 123.

[61] Razavian AS, Azizpour H, Sullivan J, et al. CNN features off-the-shelf: an astounding baseline for recognition[C]. Proceedings of the IEEE conference on com - puter vision and pattern recognition workshops. 2014: 806-813.

[62] Fan R E, Chang K W, Hsieh C J, et al. LIBLINEAR: A library for large linear classification. The Journal of Machine Learning Research, 2008, 9:1871 - 1874.

[63] Fan J, Shen X, Wu Y. Closed-loop adaptation for robust tracking. Proceed - ings of European Conference on 2010 Computer Vision. Springer, 2010: 411 - 424.

[64] Fu Z, Robles-Kelly A, Zhou J. Milis: Multiple instance learning with in - stance selection. IEEE Transactions on Pattern Analysis and Machine Intelligence, 2011, 33(5):958 - 977.

[65] Joost UDW, Schmid C. Applying color names to image description. Proceed - ings of 2007 IEEE International Conference on Image Processing, volume 3. IEEE, 2007. 493 - 496.

[66] Yan F, Mikolajczyk K, Barnard M, et al. lp norm multiple kernel Fisher dis - criminant analysis for object and image categorisation. Proceedings of 2010 IEEE Conference on Computer Vision and Pattern Recognition. IEEE, 2010. 3626 - 3632.

[67] Li H, Ngan K N. A co-saliency model of image pairs. IEEE Transactions on Image Processing, 2011, 20(12):3365 - 3375.

[68] Achanta R, Hemami S, Estrada F, et al. Frequency-tuned salient region de - tection. Proceedings of 2009 IEEE conference on Computer Vision and Pattern Rec - ognition. IEEE, 2009. 1597 - 1604.

[69] Cheng M M, Mitra N J, Huang X, et al. Global contrast based salient region detection. IEEE Transactions on Pattern Analysis and Machine Intelligence, 2015, 37 (3):569 - 582.

[70] Warnell G, David P, Chellappa R. Ray Saliency: Bottom-Up Visual Saliency for a Rotating and Zooming Camera. International Journal of Computer Vision, 2016, 116(2):174 - 189.

[71] Zhu J Y, Wu J, Xu Y, et al. Unsupervised object class discovery via saliency-guided multiple class learning. Pattern Analysis and Machine Intelligence, IEEE Transactions on, 2015, 37:862 - 875.

[72] Einhauser W, Spain M, Perona P. Objects predict fixations better than early saliency. Journal of Vision, 2008, 8(14):18.

[73] 张鹏, 王润生. 基于视点转移和视区追踪的图像显著区域检测. 软件学报, 2004, 15(6):981 - 898.

[74] Jiang F, Hu H M, Zheng J, et al. A hierarchal BoW for image retrieval by enhancing feature salience. Neurocomputing, 2016, 175:146 - 154.

[75] Wang M, Konrad J, Ishwar P, et al. Image saliency: From intrinsic to extrinsic context. Proceedings of 2011 IEEE Conference on Computer Vision and Pattern Rec - ognition. IEEE, 2011. 417 - 424.

[76] Parikh D, Zitnick C L, Chen T. Determining patch saliency using low-level context. Proceedings of 2008 European Conference on Computer Vision. Springer, 2008: 446 - 459.

[77] Perko R, Leonardis A. A framework for visual-context-aware object detec - tion in still images. Computer Vision and Image Understanding, 2010, 114(6):700 - 711.

[78] Goferman S, Zelnik-Manor L, Tal A. Context-aware saliency detection. IEEE Transactions on Pattern Analysis and Machine Intelligence, 2012, 34(10):1915 - 1926.

[79] Yang J, Yang M H. Top-down visual saliency via joint crf and dictionary learning. Proceedings of 2012 IEEE Conference on Computer Vision and Pattern Rec -

ognition. IEEE, 2012. 2296 - 2303.

[80] Kanan C, Tong M H, Zhang L, et al. SUN: Top-down saliency using natural statistics. Visual Cognition, 2009, 17(6-7):979 - 1003.

[81] Oliva A, Torralba A, Castelhano M S, et al. Top-down control of visual at-tention in object detection. Proceedings of 2003 International Conference on Image processing, volume 1. IEEE, 2003. 1 - 253.

[82] Zhu G, Wang Q, Yuan Y. Tag-Saliency: Combining bottom-up and top-down information for saliency detection. Computer Vision and Image Understanding, 2014, 118:40 - 49.

[83] Buschman T J, Miller E K. Top-down versus bottom-up control of attention in the prefrontal and posterior parietal cortices. Science, 2007, 315(5820):1860 - 1862.

[84] Chai Y, Lempitsky V, Zisserman A. Bicos: A bi-level co-segmentation method for image classification. Proceedings of 2011 IEEE Conference on Computer Vision and Pattern Recognition. IEEE, 2011. 2579 - 2586.

[85] Mikolajczyk K, Tuytelaars T, Schmid C, et al. A comparison of affine region detectors. International Journal of Computer Vision, 2005, 65(1-2):43 - 72.

[86] Chen Q, Song Z, Hua Y, et al. Hierarchical matching with side information for image classification. Proceedings of 2012 IEEE Conference on Computer Vision and Pattern Recognition. IEEE, 2012. 3426 - 3433.

[87] Koffka K. Principles of Gestalt psychology, volume 44. Routledge, 2013.

[88] Hou X, Zhang L. Saliency detection: A spectral residual approach. Proceed-ings of 2007 IEEE Conference on Computer Vision and Pattern Recognition. IEEE, 2007. 1 - 8.

[89] Perazzi F, Krahenbuhl P, Pritch Y, et al. Saliency filters: Contrast based fil-tering for salient region detection. Proceedings of 2012 IEEE Conference on Computer Vision and Pattern Recognition. IEEE, 2012. 733 - 740.

[90] Borji A. Boosting bottom-up and top-down visual features for saliency esti-mation. Proceedings of 2012 IEEE Conference on Computer Vision and Pattern Rec-ognition. IEEE, 2012. 438 - 445.

[91] Leibe B, Schiele B. Scale-invariant object categorization using a scale-

adaptive mean-shift search. Pattern Recognition, 2004. 145 - 153. 109

[92] Chai Y, Rahtu E, Lempitsky V, et al. Tricos: A tri-level class-discriminative co-segmentation method for image classification. Proceedings of 2012 European Con - ference on Computer Vision. Springer, 2012: 794 - 807.

[93] Rother C, Kolmogorov V, Blake A. Grabcut: Interactive foreground extraction using iterated graph cuts. ACM Transactions on Graphics, 2004, 23(3):309 - 314.

[94] Kanan C, Cottrell G. Robust classification of objects, faces, and flowers using natural image statistics. Proceedings of 2010 IEEE Conference on Computer Vision and Pattern Recognition. IEEE, 2010. 2472 - 2479.

[95] Angelova A, Zhu S. Efficient object detection and segmentation for fine-grained recognition. Proceedings of 2013 IEEE Conference on Computer Vision and Pattern Recognition. IEEE,2013. 811 - 818.

[96] Cao Y, Wang C, Li Z, et al. Spatial bag of features. Proceedings of 2010 IEEE Conference on Computer Vision and Pattern Recognition. IEEE, 2010. 3352 - 3359.

[97] Sivic J, Russell B C, Efros A, et al. Discovering objects and their location in images. Proceedings of 2005 IEEE International Conference on Computer Vision, vol - ume 1. IEEE, 2005. 370 - 377.

[98] Morioka N, Satoh S. Building compact local pairwise codebook with joint feature space clustering. Proceedings of 2010 European Conference on Computer Vi - sion. Springer, 2010: 692 - 705.

[99] Grauman K, Darrell T. The pyramid match kernel: Discriminative classifica - tion with sets of image features. Proceedings of 2005 IEEE International Conference on Computer Vision, volume 2. IEEE, 2005. 1458 - 1465.

[100] Li F, Carreira J, Sminchisescu C. Object recognition as ranking holistic fig - ure-ground hypotheses. Proceedings of 2010 IEEE Conference on Computer Vision and Pattern Recognition. IEEE, 2010. 1712 - 1719.

[101] Li L J, Su H, Lim Y, et al. Object bank: An object-level image representa - tion for high-level visual recognition. International Journal of Computer Vision, 2014, 107(1):20 - 39.

[102] Liu J, Zhang C, Tian Q, et al. One step beyond bags of features: visual cat - egorization using components. Proceedings of 2011 IEEE International Conference on

Image Processing. IEEE, 2011. 2417 - 2420.

[103] Fernando B, Fromont E, Tuytelaars T. Effective use of frequent itemset mining for image classification. Proceedings of 2012 European conference on Computer Vision. Springer, 2012: 214 - 227.

[104] Gilbert A, Illingworth J, Bowden R. Scale invariant action recognition using compound features mined from dense spatio-temporal corners. Proceedings of 2008 European conference on Computer Vision. Springer, 2008: 222 - 233.

[105] Yuan J, Yang M, Wu Y. Mining discriminative co-occurrence patterns for visual recognition. Proceedings of 2011 IEEE Conference on Computer Vision and Pattern Recognition. IEEE, 2011. 2777 - 2784.

[106] Uno T, Asai T, Uchida Y, et al. LCM: An Efficient Algorithm for Enumer - ating Frequent Closed Item Sets. Proceedings of IEEE International Conference on Data Ming Workshop on FIMI, volume 90. Citeseer, 2003.

[107] Agrawal R, Srikant R. Fast algorithms for mining association rules. Pro - ceedings of 1994 International Conference on Very Large Databases, volume 1215, 1994. 487 - 499.

[108] Cheng H, Yan X, Han J, et al. Discriminative frequent pattern analysis for effective classification. Proceedings of 2007 IEEE International Conference on Data Engineering. IEEE, 2007. 716 - 725.

[109] Nowozin S, Tsuda K, Uno T, et al. Weighted substructure mining for image analysis. Proceedings of 2007 IEEE Conference on Computer Vision and Pattern Rec - ognition. IEEE, 2007. 1 - 8.

[110] Yuan J, Luo J, Wu Y. Mining compositional features for boosting. Proceed - ings of 2008 IEEE Conference on Computer Vision and Pattern Recognition. IEEE, 2008. 1 - 8.

[111] Gilbert A, Illingworth J, Bowden R. Fast realistic multi-action recognition using mined dense spatio-temporal features. Proceedings of 2009 IEEE International Conference on Computer Vision. IEEE, 2009. 925 - 931.

[112] Lee A J, Liu Y H, Tsai H M, et al. Mining frequent patterns in image data - bases with 9D-SPA representation. Journal of Systems and Software, 2009, 82(4):603 - 618.

[113] Quack T, Ferrari V, Leibe B, et al. Efficient mining of frequent and distinctive feature configurations. Proceedings of 2007 IEEE International Conference on Computer Vision. IEEE, 2007. 1 – 8.

[114] Yao B, FeiFei L. Grouplet: A structured image representation for recognizing human and object interactions. Proceedings of 2010 IEEE Conference on Computer Vision and Pattern Recognition. IEEE, 2010. 9 – 16.

[115] Yuan J, Wu Y, Yang M. Discovery of collocation patterns: from visual words to visual phrases. Proceedings of 2007 IEEE Conference on Computer Vision and Pattern Recognition. IEEE, 2007. 1 – 8.

[116] Singh S, Gupta A, Efros A. Unsupervised discovery of mid–level discriminative patches. 2012 European conference on Computer Vision, 2012. 73 – 86.

[117] Fernando B, Fromont E, Tuytelaars T. Mining Mid–level Features for Image Classification. International Journal of Computer Vision, 2014. 1 – 18.

[118] Voravuthikunchai W, Cremilleux B, Jurie F. Histograms of pattern sets for image classification and object recognition. Proceedings of 2014 IEEE Conference on Computer Vision and Pattern Recognition. IEEE, 2014. 224 – 231.

[119] Li Y, Liu L, Shen C, et al. Mid–level deep pattern mining. Proceedings of 2015 IEEE Conference on Computer Vision and Pattern Recognition. IEEE, 2015. 971 – 980.

[120] Yan X, Cheng H, Han J, et al. Summarizing itemset patterns: a profile-based approach. Proceedings of ACM International conference on Knowledge Discovery in Data Mining. ACM, 2005. 314 – 323.

[121] Harchaoui Z, Bach F. Image classification with segmentation graph kernels. Proceedings of 2007 IEEE Conference on Computer Vision and Pattern Recognition. IEEE, 2007. 1 – 8.

[122] Torsello A, Hancock E R. Graph embedding using tree edit–union. Pattern Recognition, 2007, 40(5):1393 – 1405.

[123] Liu X, Lin L, Li H, et al. Layered shape matching and registration: Stochastic sampling with hierarchical graph representation. Proceedings of 2008 International Conference on Pattern Recognition. IEEE, 2008. 1 – 4.

[124] Jouili S, Tabbone S. Hypergraph–based image retrieval for graph–based

representation. Pattern Recognition, 2012, 45(11):4054 – 4068.

[125] 李强, 张钹. 一种基于图像灰度的快速匹配算法. 软件学报, 2006, 17(2):216 – 222.

[126] Lee Y J, Grauman K. Object-graphs for context-aware visual category dis - covery. IEEE Transactions on Pattern Analysis and Machine Intelligence, 2012, 34(2): 346 – 358.

[127] Hu S M, Zhang F L, Wang M, et al. PatchNet: a patch-based image repre - sentation for interactive library-driven image editing. ACM Transactions on Graphics, 2013, 32(6):196.

[128] Singh R, Xu J, Berger B. Global alignment of multiple protein interaction networks with application to functional orthology detection. National Academy of Sci - ences, 2008, 105(35):12763 – 12768.

[129] Alkan F, Erten C. BEAMS: backbone extraction and merge strategy for the global many-tomany alignment of multiple PPI networks. Bioinformatics, 2014, 30(4): 531 – 539.

[130] Shih Y K, Parthasarathy S. Scalable global alignment for multiple biological networks. BMC bioinformatics, 2012, 13(Suppl 3):S11.

[131] Ye G, Liu D, Jhuo I H, et al. Robust late fusion with rank minimization. Proceedings of 2012 IEEE Conference on Computer Vision and Pattern Recognition. IEEE, 2012. 3021 – 3028.

[132] Khan R, Weijer J, Shahbaz Khan F, et al. Discriminative color descriptors. Proceedings of 2013 IEEE Conference on Computer Vision and Pattern Recognition. IEEE, 2013. 2866 – 2873.

[133] Darling E M, Raudseps J G. Non-parametric unsupervised learning with applications to image classification. Pattern Recognition, 1970, 2(4):313 – 335.

[134] Haralick R M, Shanmugam K, Dinstein I H. Textural features for image classification. IEEE Transactions on Systems, Man and Cybernetics, 1973, (6):610 – 621.

[135] Agnelli D, Bollini A, Lombardi L. Image classification: an evolutionary ap - proach. Pattern Recognition Letters, 2002, 23(1–3):303 – 309.

[136] Shepherd B A. An appraisal of a decision tree approach to image classifi -

cation. Proceedings of International Joint Conference on Artificial Intelligence, 1983. 473 - 475.

[137] Pourghassem H, Ghassemian H. Content-based medical image classifica - tion using a new hierarchical merging scheme. Computerized Medical Imaging and Graphics, 2008, 32(8):651 - 661.

[138] Warfield S. Fast k-NN classification for multichannel image data. Pattern Recognition Letters, 1996, 17(7):713 - 721.

[139] Caelli T, Reye D. On the classification of image regions by colour, texture and shape. Pattern Recognition, 1993, 26(4):461 - 470.

[140] Cheng Y C, Chen S Y. Image classification using color, texture and regions. Image and Vision Computing, 2003, 21(9):759 - 776.

[141] Chapelle O, Haffner P, Vapnik V N. Support vector machines for histogram- based image classification. IEEE Transactions on Neural Networks, 1999, 10(5):1055 - 1064.

[142] Bosch A, Munoz X, Marti R. Which is the best way to organize/classify im - ages by content? Image and Vision Computing, 2007, 25(6):778 - 791.

[143] Dalal N, Triggs B. Histograms of oriented gradients for human detection. Proceedings of 2005 IEEE Computer Society Conference on Computer Vision and Pattern Recognition, volume 1. IEEE, 2005. 886 - 893.

[144] Sivic J, Zisserman A. Video Google: A text retrieval approach to object matching in videos. Proceedings of 2003 IEEE International Conference on Computer Vision. IEEE, 2003. 1470 - 1477.

[145] Csurka G, Dance C R, Fan L, et al. Visual categorization with bags of key - points. Proceedings of ECCV Workshop on Statistical Learning in Computer Vision. IEEE, 2004. 1 - 22.

[146] Cortes C, Vapnik V. Support-vector networks. Machine learning, 1995, 20 (3):273 - 297.

[147] 曹莉华, 柳伟, 李国辉. 基于多种主色调的图像检索算法研究与实现. 计算机研究与发展, 1999, 36(1):96 - 100.

[148] 王宇生, 陈纯. 一处新的基于色彩的图像检索方法. 计算机研究与发 展, 2002, 39(1):105 - 109.

[149] 樊昀, 王润生. 面向内容检索的彩色图像分割. 计算机研究与发展, 2002, 39(3):376‒381.

[150] 李文举, 梁德群, 张旗, 等. 基于边缘颜色对的车牌定位新方法. 计算机学报, 2004, 27(2):204‒208.

[151] Seddati O, Dupont S, Mahmoudi S, et al. Towards Good Practices for Image Retrieval Based on CNN Features[C]. IEEE International Conference on Computer Vision Workshops, 2018:1246‒1255.

[152] Karakasis E G, Amanatiadis A, Gasteratos A, et al. Image moment invari‒ants as local features for content based image retrieval using the Bag‒of‒Visual‒Words model[J]. Pattern Recognition Letters, 2015, 55:22‒27.

[153] Su Y, Jurie F. Improving image classification using semantic attributes[J]. International journal of computer vision, 2012, 100(1): 59‒77.

[154] Krizhevsky A, Sutskever I, Hinton G E. Imagenet classification with deep convolutional neural networks. Annual Conference on Neural Information Processing Systems, 2012: 1097‒1105.

[155] Zhang M, Li W, Du Q. Diverse Region‒Based CNN for Hyperspectral Image Classification[J]. IEEE Transactions on Image Processing, 2018, 27(6): 2623‒2634.

[156] Zheng L, Yang Y, Tian Q. SIFT meets CNN: A decade survey of instance retrieval[J]. IEEE transactions on pattern analysis and machine intelligence, 2018, 40 (5): 1224‒1244.

[157] Babenko A, Slesarev A, Chigorin A, et al. Neural codes for image retrieval [C]//European conference on computer vision, 2014: 584‒599.

[158] Tolias G, Sicre R, Jégou H. Particular object retrieval with integral max‒pooling of CNN activations[J]. arXiv preprint arXiv:1511.05879, 2015.

[159] Babenko A, Lempitsky V. Aggregating local deep features for image re‒trieval[C]. Proceedings of the IEEE international conference on computer vision. 2015: 1269‒1277.

[160] Kalantidis Y, Mellina C, Osindero S. Cross‒dimensional weighting for ag‒gregated deep convolutional features[C]. European Conference on Computer Vision, 2016: 685‒701.

[161] Ng YH, Fan Y, Davis LS. Exploiting local features from deep networks for

image retrieval[C]. Proceedings of the IEEE Conference on Computer Vision and Pat - tern Recognition Workshops. 2015: 53–61.

[162] Wei X S, Luo J H, Wu J, et al. Selective convolutional descriptor aggrega - tion for fine–grained image retrieval[J]. IEEE Transactions on Image Processing, 2017, 26(6): 2868–2881.

[163] Jegou H, Douze M, Schmid C. Hamming Embedding and Weak Geometric Consistency for Large Scale Image Search[C]. European Conference on Computer Vi - sion, 2008:304–317.

[164] Philbin J, Chum O, Isard M, et al. Object retrieval with large vocabularies and fast spatial matching[C]. International Conference on Computer Vision and Pattern Recognition, 2007: 1–8.

[165] Philbin J, Chum O, Isard M, et al. Lost in quantization: Improving particular object retrieval in large scale image databases[C]. International Conference on Com - puter Vision and Pattern Recognition , 2008: 1–8.

[166] Simonyan K, Zisserman A. Very deep convolutional networks for large– scale image recognition[J]. arXiv preprint arXiv:1409.1556, 2014.

[167] Jegou H, Zisserman A. Triangulation Embedding and Democratic Aggrega - tion for Image Search[C]. International Conference on Computer Vision and Pattern Recognition, 2014:3310–3317.

[168] Razavian A S, Sullivan J, Carlsson S, et al. Visual instance retrieval with deep convolutional networks[J]. ITE Transactions on Media Technology and Applica - tions, 2016, 4(3): 251–258.

[169] Yang H F, Lin K, Chen C S. Supervised learning of semantics–preserving hash via deep convolutional neural networks, IEEE Transactions on Pattern Analysis and Machine Intelligence, 2018, 40(2): 437–451.

[170] Husain S S, Bober M. Improving large–scale image retrieval through robust aggregation of local descriptors. IEEE Transactions on Pattern Analysis and Machine Intelligence, 2017, 39(9): 1783–1796.

[171] Filip R , Giorgos T , Ondrej C . Fine–tuning CNN Image Retrieval with No Human Annotation[J]. IEEE Transactions on Pattern Analysis and Machine Intelli - gence, 2018:1–1.

[172] Zhang L, Rui Y. Image search—from thousands to billions in 20 years[J]. ACM Transactions on Multimedia Computing, Communications, and Applications, 2013, 9(1):1–20.

[173] Alzu'bi A, Amira A, Ramzan N. Semantic content–based image retrieval: A comprehensive study[J]. Journal of Visual Communication and Image Representation, 2015, 32: 20–54.

[174] Zhu L, Shen J, Xie L. Unsupervised visual hashing with semantic assistant for content–based image retrieval[J]. IEEE Transactions on Knowledge and Data En - gineering, 2017, 29(2): 472–486.

[175] Sivic J and Zisserman A. Video google: A text retrieval approach to object matching in videos[C]. International Conference on Computer Vision. Sydney: IEEE, 2003: 1470–1477.

[176] Ng Y H, Fan Y, Davis L S. Exploiting local features from deep networks for image retrieval. arXiv preprint arXiv:1504.05133, 2015.

[177] Philbin J, Chum O, Isard Ml. Object retrieval with large vocabularies and fast spatial matching[C]. International Conference on Computer Vision and Pattern Recognition. Minneapolis: IEEE, 2007: 1–8.

[178] Razavian A S, Azizpour H, Sullivan J, et al. CNN features off–the–shelf: an astounding baseline for recognition. International Conference on Computer Vision and Pattern Recognition Workshops, 2014: 512 - 519.

[179] Russakovsky O, Deng J, Su H. ImageNet Large Scale Visual Recognition Challenge[J]. International Journal of Computer Vision, 2014, 115(3):211–252.

[180] Donahue J, Jia Y, Vinyals Ol. Decaf: A deep convolutional activation feature for generic visual recognition[C]. International Conference on Machine Learning. Bei - jing: IEEE, 2014: 647–655.

[181] Badrinarayanan V, Kendall A, Cipolla R. Segnet: A deep convolutional en - coder–decoder architecture for image segmentation[J]. IEEE Transactions on Pattern Analysis and Machine Intelligence, 2017, 39(12): 2481–2495.

[182] Radenovi F, Iscen A, Tolias G, et al. Revisiting oxford and paris: Large- scale image retrieval benchmarking[C]. Proc of the IEEE Conference on Computer Vi - sion and Pattern Recognition. Salt Lake City: IEEE press, 2018: 5706–5715.

[183] Radenovi F, Tolias G, Chum O. CNN image retrieval learns from BoW: Unsupervised fine–tuning with hard examples. European Conference on Computer Vision, 2016: 3–20.

[184] Philbin J, Chum O, Isard Ml. Lost in quantization: Improving particular object retrieval in large scale image databases. International Conference on Computer Vision and Pattern Recognition, 2008: 1–8.

[185] Zhang S, Benenson R, Omran M, et al. Towards reaching human performance in pedestrian detection[J]. IEEE transactions on pattern analysis and machine intelligence, 2018, 40(4): 973–986.

[186] Azizpour H, Razavian A S, Sullivan J. From generic to specific deep representations for visual recognition[C]. International Conference on Computer Vision and Pattern Recognition Workshops. Boston: IEEE, 2015: 36–45.

[187] Xu Jian, Shi Cunzhao, Qi Chengzuo, et al. Unsupervised part–based weighting aggregation of deep convolutional features for image retrieval[C]. Proc of the AAAI Conference on Artificial Intelligence. New Orleans: AAAI press, 2018: 7436–7443.

[188] Lazebnik S, Schmid C, Ponce J. Beyond Bags of Features: Spatial Pyramid Matching for Recognizing Natural Scene Categories[C]// International Conference on Computer Vision and Pattern Recognition. New York: IEEE, 2006: 2169–2178.

[189] Kong Bailey, Supancic J, Ramanan D, et al. Cross–Domain Image Matching with Deep Feature Maps[J]. International Journal of Computer Vision, 2018: 1–13.

[190] Rezende R S, Zepeda J, Ponce J, et al. Kernel square–loss exemplar machines for image retrieval[C]. Proc of the IEEE Conference on Computer Vision and Pattern Recognition. Hawaii: IEEE press, 2017: 2396–2404.

[191] Zhou B, Lapedriza A, Khosla A, et al. Places: A 10 million image database for scene recognition[J]. IEEE transactions on pattern analysis and machine intelligence, 2018, 40(6): 1452–1464.

[192] Lee H, Kwon H. Going deeper with contextual CNN for hyperspectral image classification[J]. IEEE Transactions on Image Processing, 2017, 26(10): 4843–4855.

[193] H. Jegou, egou, Matthijs Douze, Cordelia Schmid, et al. Aggregating local descriptors into a compact image representation [C]//IEEE Conference on Computer

Vision and Pattern Recognition. San Francisco: IEEE press, 2010: 3304－3311.

[194] 刘兴旺,王江晴,徐科. 一种融合 AutoEncoder 与 CNN 的混合算法用于图像特征提取[J]. 计算机应用研究, 2017, 34(12): 3839–3843.

[195] 杨金鑫, 杨辉华, 李灵巧. 结合卷积神经网络和超像素聚类的细胞图像分割方法[J]. 计算机应用研究, 2018, 35(5):1569–1577.

[196] Lu Huchuan, Zhang Xiaoning, Qi Jinqing, et al. Co-bootstrapping saliency [J]. IEEE Trans on Image Processing. 2017, 26(1): 414–425.

[197] Chen L C, Papandreou G, Kokkinos I, et al. Deeplab: Semantic image seg - mentation with deep convolutional nets, atrous convolution, and fully connected crfs[J]. IEEE transactions on pattern analysis and machine intelligence, 2018, 40(4): 834–848.

[198] Jia Y, Shelhamer E, Donahue J, et al. Caffe: Convolutional architecture for fast feature embedding[C]. International Conference on Multimedia. ACM, 2014: 675–678.

[199] Philbin J, Chum O, Isard M. Object retrieval with large vocabularies and fast spatial matching. International Conference on Computer Vision and Pattern Rec - ognition, 2007: 1–8.

[200] Pan Xingang, Shi Jianping, Luo Ping, et al. Spatial as deep: Spatial cnn for traffic scene understanding[C]. The AAAI Conference on Artificial Intelligence. New Orleans: AAAI press, 2018:7276–7683.

[201] He Kaiming, Zhang Xiangyu, Ren Shaoqing, et al. Spatial pyramid pooling in deep convolutional networks for visual recognition, European Conference on Com - puter Vision. Zurich: IEEE press, 2014: 346－361.

[202] Zhao Wanqing, Luo Hangzai, Peng Jinye, et al. Spatial pyramid deep hashing for large-scale image retrieval [J]. Neurocomputing, 2017, 243: 166–173.

[203] Jose A, Lopez R D, Heisterklaus I, et al. Pyramid Pooling of Convolutional Feature Maps for Image Retrieval[C]. IEEE International Conference on Image Pro - cessing. Athens: IEEE press, 2018: 480–484.

[204] Cogswell M, Ahmed F, Girshick R, et al. Reducing overfitting in deep net - works by decorrelating representations[C]. International Conference on Learning Rep - resentations. San Juan: IEEE press 2016:1–14.

[205] Simonyan K, Zisserman A. Very deep convolutional networks for large–

scale image recognition[C]. International Conference on Learning Representations. San Diego: IEEE press, 2015: 1–14.

[206] Cao Guanqun, Iosifidis Alexandros, Chen Ke, et al. Generalized multi–view embedding for visual recognition and cross–modal retrieval[J]. IEEE transactions on cybernetics, 2018, 48(9): 2542–2555.

[207] Yang Erkun, Deng Cheng, Liu Wei, et al. Pairwise relationship guided deep hashing for cross–modal retrieval[C]. Proc of the Thirty–First AAAI Conference on Artificial Intelligence. San Francisco: IEEE press, 2017:1618–1625.

[208] Babenko A, Slesarev A, Chigorin A. Neural codes for image retrieval. European Conference on Computer Vision, 2014: 584–599.

[209] Gong Y, Wang L, Guo R. Multi–scale orderless pooling of deep convolutional activation features. European Conference on Computer Vision, 2014: 392–407.

[210] Gong Y, Lazebnik S. Iterative quantization: A procrustean approach to learning binary codes[C]. The IEEE Conference on Computer Vision and Pattern Recognition, 2011: 817–824.

[211] Kulis B, Grauman K. Kernelized locality–sensitive hashing[J]. IEEE Transactions on Pattern Analysis and Machine Intelligence, 2012, 34(6): 1092–1104.

[212] Cui Y, Jiang J, Lai Z, et al. Supervised discrete discriminant hashing for image retrieval[J]. Pattern Recognition, 2018, 78: 79–90.

[213] Gionis A, Indyk P, Motwani R. Similarity search in high dimensions via hashing[C]. International Conference on Very Large Data Bases. 1999, 99(6): 518–529.

[214] Lai H, Pan Y, Liu Y, et al. Simultaneous feature learning and hash coding with deep neural networks[C]. The IEEE Conference on Computer Vision and Pattern Recognition. 2015: 3270–3278.

[215] Asif U, Bennamoun M, Sohel F. A Multi–modal, Discriminative and Spatially Invariant CNN for RGB–D Object Labeling[J]. IEEE Transactions on Pattern Analysis and Machine Intelligence, 2017,40(9): 2051 – 2065.

[216] Tang M, Djelouah A, Perazzi F, et al. Normalized Cut Loss for Weakly–supervised CNN Segmentation[C]. IEEE Conference on Computer Vision and Pattern Recognition, 2018:1818–1827.

[217] Yi L, Su H, Guo X, et al. SyncSpecCNN: Synchronized Spectral CNN for 3D

Shape Segmentation[C]. The IEEE Conference on Computer Vision and Pattern Rec - ognition. 2017: 6584–6592.

[218] Chen W, Chen X, Zhang J, et al. Beyond triplet loss: a deep quadruplet network for person re–identification[C]. IEEE Conference on Computer Vision and Pattern Recognition . 2017, 2(8):403–412.

[219] Zhao L, Li X, Zhuang Y, et al. Deeply–Learned Part–Aligned Representa - tions for Person Re–identification[C]. International Conference on Computer Vision. 2017: 3239–3248.

[220] Yao T, Long F, Mei T, et al. Deep Semantic–Preserving and Ranking–Based Hashing for Image Retrieval[C]. International Joint Conferences on Artificial Intelli - gence. 2016: 3931–3937.

[221] Schroff F, Kalenichenko D, Philbin J. Facenet: A unified embedding for face recognition and clustering[C]. IEEE Conference on Computer Vision and Pattern Rec - ognition. 2015: 815–823.

[222] Alex Krizhevsky. Learning multiple layers of features from tiny images. Master's thesis, University of Toronto,2009.

[223] TS Chua, J Tang, R Hong, et al. Nus–wide: A real–world web image data - base from national university of singapore. ICMR. ACM,2009.

[224] Y Lecun, L Bottou. Gradient–based Learning Applied to Document Recog - nition[C]. Proceedings of the IEEE, 1998,86(11): 2278–2324.

[225] Liu W, Wang J, Ji R, et al. Supervised hashing with kernels[C]. Computer Vision and Pattern Recognition, 2012 IEEE Conference on. IEEE, 2012: 2074–2081.

[226] Norouzi M, Fleet D J. Minimal loss hashing for compact binary codes. In - ternational Conference on Machine Learning, 2011: 353–360

[227] Zhu L , Huang Z , Li Z , et al. Exploring Auxiliary Context: Discrete Se - mantic Transfer Hashing for Scalable Image Retrieval[J]. IEEE Transactions on Neural Networks and Learning Systems, 2018:1–13.

[228] Zhang H , Liu L , Long Y , et al. Unsupervised Deep Hashing With Pseudo Labels for Scalable Image Retrieval[J]. IEEE Transactions on Image Processing, 2018, 27(4):1626–1638.

[229] Zhang D, Wang F, Si L, et al. Composite hashing with multiple information

sources[C]. International ACM SIGIR Conference on Research and Development in Information Retrieval, Beijing, Jul 24–28, 2011. New Work: ACM, 2011: 225–234.

[230] Kang Y, Kim S, Choi S. Deep learning to hash with multiple representations [C]. 2012 IEEE 12th International Conference on Data Mining, Brussels, Belgium, Dec 10–10, 2012. Piscataway: IEEE, 2012: 930–935.

[231] Lin Z, Ding G, Hu M, et al. Semantics–preserving hashing for cross–view retrieval[C]. Proceedings of the IEEE Conference on Computer Vision and Pattern Recognition, Boston, MA, Jun 7–12, 2015. Piscataway: IEEE, 2015: 3864–3872.

[232] Jiang Q Y, Li W J. Deep Cross–modal hashing[C]. Proceedings of the IEEE Conference on Computer Vision and Pattern Recognition, Honolulu, HI, USA, Jul 21–26, 2017. Piscataway: IEEE, 2017: 3232–3240.

[233] Ding G, Guo Y, Zhou J. Collective matrix factorization hashing for multi - modal data[C]. Proceedings of the IEEE Conference on Computer Vision and Pattern Recognition, Columbus, OH, USA, Jun 23–28, 2014. Piscataway: IEEE, 2014: 2075–2082.

[234] Zhang D, Li W. Large–scale supervised multimodal hashing with semantic correlation maximization[C]. National Conference on Artificial Intelligence, Qu é bec City, Canada, Jul 27–31, 2014. Menlo Park: AAAI, 2014: 2177–2183.

[235] Kumar S, Udupa R. Learning hash functions for cross–view similarity search [C]. Twenty–Second International Joint Conference on Artificial Intelligence, Barcelo - na, Catalonia, Spain, July 16–22, 2011. Menlo Park: AAAI, 2011: 1360 – 1365.

[236] Xia S, Wang G, Chen Z, et al. Complete random forest based class noise filtering learning for improving the generalizability of classifiers[J]. IEEE Transactions on Knowledge and Data Engineering, 2018, 31(11): 2063–2078.

[237] Arbelaez P, Maire M, Fowlkes C, et al. Contour detection and hierarchical image segmentation[J]. IEEE Transactions on Pattern Analysis and Machine Intelli - gence, 2010, 33(5): 898–916.

[238] Liu C, Chen L C, Schroff F, et al. Auto–deeplab: Hierarchical neural archi - tecture search for semantic image segmentation[C]. Proceedings of the IEEE Confer - ence on Computer Vision and Pattern Recognition, Long Beach, CA, USA, Jun 15–20, 2019. Piscataway: IEEE, 2019: 82–92.

[239] Deng J, Guo J, Xue N, et al. Arcface: Additive angular margin loss for deep face recognition[C]. Proceedings of the IEEE Conference on Computer Vision and Pattern Recognition, Long Beach, CA, USA, Jun 15–20, 2019. Piscataway: IEEE, 2019: 4690–4699.

[240] Zhu J, Chen Z, Zhao L, et al. Quadruplet–based deep hashing for image re - trieval[J]. Neurocomputing, 2019, 366: 161–169.

[241] Zhu J, Wu S, Zhu H, et al. Multi–center convolutional descriptor aggrega - tion for image retrieval[J]. International Journal of Machine Learning and Cybernetics, 2019, 10(7): 1863–1873.

[242] Liu H, Ji R, Wu Y, et al. Cross–modality binary code learning via fusion similarity hashing[C]. Proceedings of the IEEE Conference on Computer Vision and Pattern Recognition, Honolulu, HI, USA, Jul 21–26, 2017. Piscataway: IEEE, 2017: 7380–7388.

[243] Cao Y, Long M, Wang J, et al. Correlation autoencoder hashing for super - vised cross–modal search[C]. Proceedings of the 2016 ACM on International Confer - ence on Multimedia Retrieval, Amsterdam, Netherlands, Oct 15–19, 2016. New Work: ACM, 2016: 197–204.

[244] Deng C, Chen Z, Liu X, et al. Triplet–based deep hashing network for cross– modal retrieval[J]. IEEE Transactions on Image Processing, 2018, 27(8): 3893–3903.

[245] Jiang Q Y, Li W J. Discrete latent factor model for cross–modal hashing[J]. IEEE Transactions on Image Processing, 2019, 28(7): 3490–3501.

[246] Yu T, Yuan J, Fang C, et al. Product Quantization Network for Fast Image Retrieval[C]. European Conference on Computer Vision. 2018: 191–206.

[247] Y Zhen, D Y Yeung, A probabilistic model for multimodal hash function learning. Proceedings of the 18th ACM SIGKDD international conference on Knowl - edge discovery and data mining. ACM, 2012: 940‐948.

[248] Z Lin, G Ding, M Hu, et al. Semantics–preserving hashing for cross–view retrieval[C]. in Proceedings of the IEEE conference on computer vision and pattern recognition, 2015: 3864‐3872.

[249] G Ding, Y Guo, K Chen, et al. Decode: deep confidence network for robust image classification[C]. IEEE Transactions on Image Processing, 2019.

[250] D Chang, Y Ding, J Xie. The devil is in the channels: Mutual channel loss for fine-grained image classification[C]. IEEE Transactions on Image Processing, vol. 29, pp. 4683 – 4695, 2020.

[251] L C Chen, Y Zhu, G Papandreou, et al. Encoderdecoder with atrous separa - ble convolution for semantic image segmentation[C]. Proceedings of the European conference on computer vision (ECCV), 2018: 801 – 818.

[252] Funke J, Tschopp F, Grisaitis W. Large scale image segmentation with structured loss based deep learning for connectome reconstruction[C]. IEEE transac - tions on pattern analysis and machine intelligence. 2018: 41(7):1669–1680.

[253] Lin TY, Dollow P, Girshick R, et al. Feature pyramid networks for object detection[C]. Proceedings of the IEEE conference on computer vision and pattern rec - ognition. 2017: 2117 – 2125.

[254] Luo Z, Mishra A, A Achkar, et al. Nonlocal deep features for salient object detection[C]. Proceedings of the IEEE Conference on Computer Vision and Pattern Recognition. 2017: 6609 – 6617.

[255] Jiang Q Y, Li W J. Deep cross-modal hashing[C]. Proceedings of the IEEE conference on computer vision and pattern recognition, 2017: 3232 – 3240.

[256] Xu X, Shen F, Yang Y, et al. Learning discriminative binary codes for large-scale cross-modal retrieval[C]. IEEE Transactions on Image Processing. 2017, 26(5): 2494 – 2507.

[257] Wu L, Wang Y, Shao L, Cycle-consistent deep generative hashing for cross-modal retrieval[C]. IEEE Transactions on Image Processing. 1602 – 1612, 2018.

[258] Cao Y, Long M, Wang J, et al. Deep visual-semantic hashing for cross-modal retrieval[C]. Proceedings of the 22nd ACM SIGKDD International Conference on Knowledge Discovery and Data Mining. ACM, 2016: 1445 – 1454.

[259] Yang E, Deng C, Liu W, et al. Pairwise relationship guided deep hashing for cross-modal retrieval[C]. Thirty – First AAAI Conference on Artificial Intelligence, 2017.

[260] Babenko A, Lempitsky V. Aggregating local deep features for image retrieval [C]. Proceedings of the IEEE International Conference on Computer Vision, 2015, pp. 1269 – 1277.

[261] Tolias G, Sicre R, égou H J. Particular object retrieval with integral max-pooling of cnn activations[C]. arXiv preprint arXiv:1511.05879, 2015.

[262] Wei X S, Luo J H, Wu J, et al. Selective convolutional descriptor aggrega - tion for fine-grained image retrieval[C]. IEEE Transactions on Image Processing.2017, 26(6): 2868 - 288.

[263] Mandal D, Chaudhury K N, Biswas S, Generalized semantic preserving hashing for cross-modal retrieval[J]. IEEE Transactions on Image Processing, 2018, 28, (1): 102 - 112.

[264] Lin Q, Cao W, He Z. Mask cross-modal hashing networks[C]. IEEE Trans - actions on Multimedia, doi: 10.1109/TMM.2020.2984081.

[265] Song J, Yang Y, Yang Y, et al. Inter-media hashing for large-scale retrieval from heterogeneous data sources[C]. Proceedings of the 2013 ACM SIGMOD Interna - tional Conference on Management of Data. ACM, 2013: 785 - 796.

[266] Irie G, Arai H, Taniguchi Y. Alternating co-quantization for crossmodal hashing[C]. in Proceedings of the IEEE International Conference on Computer Vision, 2015: 1886 - 1894.

[267] Ding G, Guo Y, Zhou J. Collective matrix factorization hashing for multi - modal data[C]. Proceedings of the IEEE conference on computer vision and pattern recognition, 2014: 2075 - 2082.

[268] Zhou J, Ding G, Guo Y. Latent semantic sparse hashing for crossmodal similarity search[C]. Proceedings of the 37th international ACM SIGIR conference on Research & development in information retrieval. ACM, 2014: 415 - 424.

[269] Kumar S, Udupa R, Learning hash functions for cross-view similarity search [C]. Twenty-Second International Joint Conference on Artificial Intelligence, 2011.

[270] Zhang D, Li W J. Large-scale supervised multimodal hashing with semantic correlation maximization[C]. Twenty-Eighth AAAI Conference on Artificial Intelli - gence, 2014.

[271] Zhen L, Hu P, Wang X, et al. Deep supervised cross-modal retrieval[C]. Proceedings of the IEEE Conference on Computer Vision and Pattern Recognition, 2019: 10394 - 10 403.

[272] Li C, Deng C, Li N, et al. Self-supervised adversarial hashing networks for

cross—modal retrieval[C]. Proceedings of the IEEE conference on computer vision and pattern recognition, 2018: 4242 – 4251.

[273] Cao Y, Liu B, Long M, et al. Cross—modal hamming hashing[C]. Proceedings of the European Conference on Computer Vision (ECCV), 2018: 202 – 218.

[274] Deng C, Chen Z, Liu X, et al. Triplet—based deep hashing network for cross—modal retrieval[C]. IEEE Transactions on Image Processing, vol. 27, no. 8, pp. 3893 – 3903, 2018.

[275] Zhang X, Lai H, Feng J. Attention—aware deep adversarial hashing for cross—modal retrieval[C]. Proceedings of the European Conference on Computer Vision (ECCV), 2018: 591 – 606.

[276] Xie D, Deng C, Li C. Multi—task consistency—preserving adversarial hashing for cross—modal retrieval[C]. IEEE Transactions on Image Processing, 2020, 29: 3626 – 3637.

[277] Wang D, Gao X, Wang X, et al. Multimodal discriminative binary embed - ding for large—scale cross—modal retrieval[C]. IEEE Transactions on Image Processing, 2016, 25(10): 4540 – 4554.

[278] Shen Y, Liu L, Shao L, et al. Deep binaries: Encoding semantic—rich cues for efficient textual—visual cross retrieval[C]. Proceedings of the IEEE International Conference on Computer Vision, 2017: 4097 – 4106.

[279] Ren S, He K, Girshick R, et al. Faster r—cnn: Towards real—timeobject de - tection with region proposal networks[C]. Advances in neural information processing systems, 2015: 91 – 99.

[280] Ji Z, Sun Y, Yu Y, et al. Attribute—guided network for cross—modal zero—shot hashing[C]. IEEE transactions on neural networks and learning systems, 2019.

[281] Simonyan K, Zisserman A. Very deep convolutional networks for large—scale image recognition[C]. arXiv preprint arXiv:1409.1556, 2014.

[282] Courbariaux M, Hubara I, Soudry D, et al. Binarized neural networks: Training deep neural networks with weights and activations constrained to +1 or −1[C]. https:// arxiv.org/abs/1602.02830, 2016.

[283] Huiskes M J, Lew M S. The mir flickr retrieval evaluation. Proceedings of the 1st ACM International Conference on Multimedia Information Retrieval, 2008: 39 – 43.

[284] Rasiwasia N, Costa Pereira J, Coviello E, et al. A new approach to cross-modal multimedia retrieval. Proceedings of the 18th ACM international conference on Multimedia, 2010: 251 – 260.

[285] Hu D, Nie F, Li X. Deep binary reconstruction for cross–modal hashing[C]. IEEE Transactions on Multimedia, 2018, 21(4): 973 – 985, 2018.

[286] Zhang J, Peng Y. Multi–pathway generative adversarial hashing for unsu - pervised cross–modal retrieval[C]. IEEE Transactions on Multimedia2019, 22(1): 174 – 187.

[287] Xia S, Liu Y, Ding X, et al. Granular ball computing classifiers for efficient, scalable and robust learning[J]. Information Sciences, 2019, 483: 136–152.

[288] Yang Z, He X, Gao J, et al. Stacked Attention Networks for Image Question Answering[C]. Proceedings of the IEEE Conference on Computer Vision and Pattern Recognition, Las Vegas, NV, USA, Jun 27–30, 2016. Piscataway: IEEE, 2016: 21–29.

[289] Sharma S, Kiros R. Salakhutdinov, R. Action recognition using visual at - tention. arXiv preprint arXiv:1511.04119,2015.

[290] Noh H, Araujo A, Sim J, et al. Large–Scale Image Retrieval with Attentive Deep Local Features[C]. International Conference on Computer Vision, Venice, Oct 22–29, 2017. Piscataway: IEEE, 2017: 3476–3485.

[291] Yang E, Deng C, Liu W, et al. Pairwise relationship guided deep hashing for cross–modal retrieval[C]. AAAI Conference on Artificial Intelligence. San Francisco, California USA, Feb 4–9, 2017. Menlo Park: AAAI, 2017:1618 – 1625.

[292] Zhen L, Hu P, Wang X, et al. Deep supervised cross–modal retrieval[C]. Proceedings of the IEEE Conference on Computer Vision and Pattern Recognition, Long Beach, CA, USA, Jun 15–20, 2019. Piscataway: IEEE, 2019: 10394–10403.

[293] Wang D, Gao X, Wang X, et al. Multimodal discriminative binary em - bedding for large–scale cross–modal tetrieval[J]. IEEE Transactions on Image Pro - cessing, 2016, 25(10):4540–4554.

[294] Huiskes M J, Lew M S. The MIR flickr retrieval evaluation[C]. Proceedings of the 1st ACM international conference on Multimedia information retrieval, Vancou - ver British Columbia Canada, Oct 30–31, 2008. New Work: ACM, 2008: 39–43

[295] Escalante H J, Hernandez C A, Gonzalez J A, et al. The segmented and an -

notated IAPR TC–12 benchmark[J]. Computer Vision and Image Understanding, 2010, 114(4): 419–428.

[296] Chua T S,Tang Jinhui, Hong Richang, et al. NUS–WIDE: a real–world web image database from National University of Singapore[C]. Proceedings of the 8th ACM International Conference on Image and Video Retrieval, Santorini Island, Jul 8–10, 2009. New York: ACM, 2009: 48.

[297] Chatfield K, Simongan K, Vedald; A,et al. Return of the Devil in the Details: Delving Deep into Convolutional Nets. arXiv preprint arXiv:1405.3531 2014.

[298] Lin Q, Cao W, He Z, et al. Semantic deep cross–modal hashing[J]. Neuro - computing, 2020, 396:113–122.

[299] Zhang X, Lai H, Feng J. Attention–aware deep adversarial hashing for cross–modal retrieval[C]. Proceedings of the European Conference on Computer Vi - sion, Munich, Germany, Sep 8–14, 2018. Cham: Springer, 2018: 591–606.

[300] Hotelling H. Relations between two sets of variates[M]. Breakthroughs in Statistics. Springer, New York, NY, 1992: 162–190.

[301] Krizhevsky A, Sutskever I, Hinton G E. Imagenet classification with deep convolutional neural networks[C]. Neural Information Processing Systems, Lake Tahoe, Nevada, United States, Dec 3–6 2012. Red Hook: Curran Associate, 2012: 1097–1105.

[302] Simonyan K , Zisserman A . Very Deep Convolutional Networks for Large–Scale Image Recognition[J]. arXiv preprint arXiv:1406.1566, 2014.

[303] Chen X G , Duan S , Wang L D . Research on trend prediction and evalua - tion of network public opinion[J]. Concurrency & Computation Practice & Experience, 2017:e4212.

[304] Zhou Yaoming, Wang Bo, Zhang Huicheng. Evolution Analysis and Model - ing Method of Internet Public Opinions Based on EMD[J]. Computer Engineering, 2012, 38(21):5–9.

[305] Xu J , Ma B . Study of Network Public Opinion Classification Method Based on Naive Bayesian Algorithm in Hadoop Environment[J]. Applied Mechanics & Mate - rials, 2014, 519–520:58–61.

[306] 吴坚,沙晶 . 基于随机森林算法的网络舆情文本信息分类方法研究[J]. 信息网络全,2014,(11):36–40.

[307] 马海兵,毕久阳,邱君瑞.网络舆情安全应用中主题分类方法的研究与实现[J].现代情报,2012,32(4):8-13.

[308] 李真,丁晟春,王楠.网络舆情观点主题识别研究[J].现代图书情报技术,2017,1(8):18-30.

[309] 连芷萱,兰月新,夏一雪,等.基于首发信息的微博舆情热度预测模型[J].情报学,2018,36(9):107-114.

[310] 兰月新,刘冰月,张鹏,等.面向大数据的网络舆情热度动态预测模型研究[J].情报杂志,2017,36(6):105-110,147.

[311] 史蕊,陈福集,张金华.基于组合灰色模型的网络舆情预测研究[J].情报杂志,2018,37(7):101-106.

[312] 张茂元,孙树园,王奕博,等.基于EKSC算法的网络事件热度预测方法[J].计算机工程与科学,2018,40(2):238-245.

[313] I Goodfellow, J Pouget-Abadie, M Mirza, et al. Generative Adversarial Nets. Advances in NeurSal Information Processing Systems 27, Curran Associates, Inc., 2014: 2672-2680.